Zainab Hassan
Amin Al-Sulami
Asaad Al-Taee

Caracterização fenotípica e genotípica de micobactérias não tuberculosas

Zainab Hassan
Amin Al-Sulami
Asaad Al-Taee

Caracterização fenotípica e genotípica de micobactérias não tuberculosas

ScienciaScripts

Imprint

Cover image: www.ingimage.com

This book is a translation from the original published under ISBN 978-3-659-86638-8.

Publisher:
Sciencia Scripts
is a trademark of
Dodo Books Indian Ocean Ltd. and OmniScriptum S.R.L publishing group

120 High Road, East Finchley, London, N2 9ED, United Kingdom
Str. Armeneasca 28/1, office 1, Chisinau MD-2012, Republic of Moldova, Europe
Managing Directors: Ieva Konstantinova, Victoria Ursu
info@omniscriptum.com

Printed at: see last page
ISBN: 978-620-8-55948-9

Índice

Agradecimentos

A minha sincera gratidão deve ser dirigida, em primeiro lugar, a (Alá) pelo seu apoio misericordioso e pela orientação que me deu para concluir este estudo. Todas as bênçãos e respeitos são para o nosso amado Profeta Muhammad, cujos ensinamentos nos guiam.

Dr. Amin Abdul-Jabbar Al-Sulami e ao Prof. Dr. Asaad Mohammad Ridha Al-Taee, por terem sugerido o tema deste estudo e pela sua ajuda, conselhos e encorajamento ao longo de todo o trabalho.

Os meus agradecimentos vão também para a administração da Escola Superior de Ciências Puras e para a direção do departamento de Biologia, pela sua ajuda e visão otimista.

Agradeço a todos os membros do Departamento de Biologia / Escola Superior de Ciências Puras e do Centro de Ciências Marinhas.

Dr. Adnan Al-Badran, ao Prof. Dr. Dhamia K. Sukar e a todos os membros da Unidade de Investigação em Células e Biotecnologia/ Departamento de Biologia/ Faculdade de Ciências, pela sua assistência.

Gostaria de agradecer a todos os membros da Faculdade de Enfermagem, especialmente ao reitor Dr. Naael H. Ali, à Sra. Khloud A. Hussein, à Sra. Sundus B. Dawood e ao Sr. Lauy A. Shehab.

Um agradecimento muito especial à Dra. Dheyaa Al-Rubeai, ao Sr. Ahmad H. Abdalhussain, à Sra. Bushra M. Ali e a todos os trabalhadores da Advisory Clinic for Chest Diseases and Respiratory (ACCDR) que facilitaram a tarefa de recolha de amostras.

Agradecimentos especiais ao Prof. Dr. Asaad Yahia e ao Assist. Dr. Wisal F. Hassan pela sua amável ajuda na análise estatística.

Um agradecimento especial à minha família pelo apoio e encorajamento.

Resumo

Cento e cinquenta amostras de expetoração foram recolhidas de doentes suspeitos de tuberculose na Clínica Consultiva de Doenças do Tórax e Respiratórias (ACCDR) em Bassorá. Todas as amostras foram colhidas de ambos os géneros, 73 do sexo masculino e 77 do sexo feminino, com idades compreendidas entre os 10 e os 80 anos, durante o período de 2 de janeiro a 31 de dezembro de 2013.

Os resultados mostraram que as células micobacterianas são bastonetes rectos ou ligeiramente curvos, aparecendo como células individuais ou agregadas. As colónias de *Mycobacterium* não-tuberculosis (NTM) em meio LJ eram circulares, rugosas ou lisas, colónias paleocreme.

Os resultados das caraterísticas bioquímicas e de crescimento revelaram 39 isolados de micobactérias, 32 com crescimento lento e 7 isolados com crescimento rápido.

A produção de pigmentos entre 32 isolados de micobactérias de crescimento lento foi de dois isolados escotocromogéneos, três fotocromogéneos e 27 não-cromogéneos.

Os resultados obtidos nos testes convencionais foram: 23 (58,97%) isolados de *M. tuberculosis* (não-cromógenos), 4 (10,25%) de *M. avium* complex (MAC), 4(10,25%) de *M. chelonae*, 2 (5,13%) de *M. flavescens*, 2 (5,13%) *de M. simiae*, 2 (5,13%) *de M. abscessus*, 1 (2,57%) de *M. kansasii* e 1(2,57%) de *M. smegmatis.*

Os resultados da amplificação do ADN de 20 isolados foram identificados pelo método baseado na PCR duplex para diferenciar entre *Mycobacterium tuberculosis* (MTB) e NTM com base na amplificação das sequências do gene *rpoB*. Os resultados revelaram dois grupos de bandas, bandas de 235 pb para MTB e bandas de 136 pb para NTM.

As sequências do gene 16S rDNA dos mesmos 20 isolados mostraram que 15 espécies de micobactérias foram comparadas com testes bioquímicos, como se segue: M. tuberculosis (n=8), M. avium (n=3), M. simiae (n=2), M. flavescens (n=1), M. abscessus (n=1). Enquanto dois isolados não corresponderam e apareceram como: M. chitae e M. gilvum em vez de M. chelonae e M. flavescens, respetivamente, e três isolados não foram sequenciados.

Trinta e nove isolados de micobactérias foram submetidos a um teste de suscetibilidade a antibióticos para detetar os isolados resistentes de NTM. Um isolado de *M. abscessus* era resistente a todas as drogas antimicrobacterianas (MDR), um isolado de *M. chelonae* era resistente à rifampicina (RIF) 1 μg/ml e ao etambutol (EMB) 2 μg/ml, enquanto um isolado de *M. smegmatis* e um de *M. simiae* foram resistentes à RIF e à pirazinamida (PZA) 0,25 μg/ml, e um isolado de *M. avium* foi resistente à PZA. Para o MTB, um isolado foi resistente a todos os fármacos, exceto à RIF; outros isolados foram sensíveis a todos os fármacos; apenas quatro isolados foram resistentes a um ou dois fármacos.

Os resultados da identificação das bactérias associadas indicaram que trinta e sete amostras (24,6%) apresentavam bactérias associadas, das quais 13 (35,1%) eram *Pseudomonas* spp., 11 (29,7%) *Bacillus* spp., 5 (13,5%) *Vibrio* spp., 4 (10,8%) *Staphylococcus* spp. e 4 (10,8%) *Klebsiella* spp.

A distribuição das espécies de micobactérias nos resultados do distrito de Bassorá mostrou que *o M. tuberculosis* tinha uma frequência mais elevada no bairro de Al-Hussain (6 casos de infeção) do que em cada um dos bairros de Al-Garma, Al-Buradea, Al-Mishraq e Al-Alandulos (2 casos para cada). Foram detectados casos de infeção por espécies de MNT nos bairros de Al-Hussain, Al-Qibla, 5 milhas, Al-Zubair, Al-Abila, Shat-Alarab, Al-Mishraq, Al- Dear e Al-Zahraa.

A frequência do sexo masculino (22 casos) foi superior à do sexo feminino (17 casos), representando 56,4 % e 43,6 %, respetivamente. O maior aparecimento de *Mycobacterium* spp. registou-se no grupo etário dos 30-59 anos.

Por outro lado, os resultados mostraram que cento e trinta e cinco pacientes eram casos novos que visitaram a clínica pela primeira vez, enquanto quinze pacientes eram casos anteriores. Dos novos casos, um isolado era *M. chelonae*, (1) *M. chitae,* (4) complexo *M. avium*, (2) *M. abscessus*, e (1) *M. smegmatis*, *M. flavescens* e *M. simiae*. Dezasseis isolados de *M. tuberculosis* eram casos novos, enquanto sete isolados eram casos anteriores.

Não foi encontrada qualquer diferença significativa entre MTB e NTM em doentes fumadores.

Lista de abreviaturas

Abbreviated Form	Full Form
ACCDR	Advisory Clinic for Chest Diseases and Respiratory
AFB	Acid-fast bacilli
ahpC	Alkyl hydroperoxide reductase
ahp G	Alkyl hydroperoxidase G
ATS	American Thoracic Society
BCG	Bacille Calmette –Guerin
CD4	CD4 Cytotoxic T-cells
CD8	CD8 Cytotoxic T-cells
CF	Cystic fibrosis
D	Distract
DMSO	Dimethyl sulfoxide
D-PCR	Duplex-Polymerose Chain Reaction
EfpA	Efflux proteinA
EMB	Ethambutol
EmbCAB	EthambutolCAB
ERDR	EMB resistance determining region
GB	Gel dna binding buffer
GLC	Gas liquid chromatography
gyrA	Gyrase gene
Hae III	*Haemophilus aegyptiurs* III restriction enzymes
HRCT scan	Scan High-Resolution Computerised Tomography
hsp	Heat-shock protein
IDSA	Infectious Disease Society of America
γ IFN–	Interferon – gamma
INH	Isoniazid
InhA	Isoniazid target A Gene
kasA	3-oxoacyl-acyl carrier protein synthase
katG	Mycobacterial catalase-peroxidase
kb	Kilo base
lfrA	low-level resistance to fluoroquinolones gene
LJ	Lowenstein-Jensen
MAP	*Mycobacterium* avium subspecies paratubercubsis
MDR	Multidrug Resistant
MTB	Mycobacterium tuberculosis

MVA85A	Modified vacunia Ankara 85A
NALC/ NaOH	N-acetyl-L-cysteine-Sodium hydroxide
NCBI	National Center for Biotechnology Information Service
Nicem	National Instrumentation Center for Environmental Management
NTM	Non tuberculosis mycobacteria
OABC	Oleic acid albumin dextrose catalase
Oxy R	Central regulator of the bacterial oxidative stress response
P55	Efflux pump mutant
PPD	Purified protein derivative
PRA	PCR restriction analysis
psi	Pounds per square inch
PZA	Pyraziramide
Pzase	Pyrazinamidase
Q	Quarter
recA	recombinase A
RFLP	Restriction fragment length polymorphism
RGM	Rapidly growing mycobacteria
RIF	Rifampicin
RPM	Round per minute
rrs	16S rRNA gene
rpsl	Gene Ribosomal protein S12
rpoB	RNA polymerase B-submit encoding gene
sec	Second
Sec A1	Secretory A1 gene
SGM	Slowly growing mycobacteria
16S rDNA	16S ribosomal Deoxyribonuclcicacid
16S rRNA	16Sribosomal Riborncleicacid
STR	Streptomycin
Tap	Tap-Like Efflux Pump
TB	Tuberculosis
TCBS	Thiosulfate Citrate Bile Salt Sucrose Agar
TCH	Thiophene-2-carboxyl acid hydrozide
TE	Tris EDTA
TLC	Thin-layer chromatography
T-lymphocyte	lymphocyte Thymus

TNF α	Tumor nacrosis factor – alpha
Tris-Hcl	Tris hydrochloride
TST	Tuberculin skin test
UNI	United Nation in Iraq
whiB7	Transcriptional regulator gene
XDR	Extensively drug resistant
xg	Times of grounds
ZN	Ziehl-Neelsen

1.1. Introdução

A tuberculose (TB) continua a ser um importante problema de saúde pública devido ao seu elevado risco de transmissão de pessoa para pessoa, morbilidade e mortalidade (Miller *et al.*, 2002; Jagielski *et al.*, 2014). Em todo o mundo, um terço da população total está infetada; 9 milhões estão infectados e quase 1,5 milhões de pessoas morrem de TB todos os anos (OMS, 2014). A TB é a segunda causa mais comum de morte por doença infecciosa, a seguir às mortes causadas pelo VIH/SIDA (Kalu e Jimmy, 2015). Embora várias outras doenças, como a varíola e a peste, tenham matado milhões de pessoas, a sua soberania foi relativamente curta; a TB tem estado sempre presente (Sharma e Mohan, 2013). A OMS identificou que muitos dos 22 países mais afectados são países em desenvolvimento (Garcia-Pelayo *et al.*, 2004).

No Iraque, a tuberculose continua a ser um importante problema de saúde pública. De acordo com as Nações Unidas no Iraque (UNI), a incidência da tuberculose no Iraque é moderada, ocupando o quadragésimo quarto lugar no mundo em termos de prevalência da forma epidémica da doença. O Iraque ocupa o oitavo lugar entre os 22 Estados em que a doença se propaga no Médio Oriente e a incidência no Iraque continua a ser uma percentagem elevada em comparação com os países vizinhos, 45 novos casos por 100 000 habitantes (OMS, 2013).

Há várias razões para o insucesso das estratégias de controlo da tuberculose:

1. Resistência aos antibióticos utilizados no tratamento da TB, em diferentes países, entre 0 e 54% dos casos de TB são multirresistentes (MDR) (Hirsh *et al.*, 2004).

2. Falta de ligação aos problemas de desemprego, de acesso a serviços sanitários de qualidade e de urbanização (Taylor *et al.*, 2005).

3. Aumento exponencial das deslocações e da migração.

4. A coexistência do vírus da imunodeficiência humana (VIH) favorece a epidemia de TB em grande escala (Fleischmann *et al.*, 2002). A infeção pelo VIH favorece uma nova infeção por micobactérias e pode reativar uma infeção latente.

5. O tratamento diretamente observado, de curta duração, uma estratégia promovida pela Organização Mundial de Saúde (OMS), não é realizado, é ineficaz ou não é praticável em vários países (OMS, 1999).

6. Embora *o Mycobacterium tuberculosis* (MTB) cause a tuberculose pulmonar, é também o agente causador da tuberculose extra-pulmonar. Esta forma de tuberculose está sub-diagnosticada.

A tuberculose é causada pelo MTB e por espécies de micobactérias estreitamente relacionadas (*M. bovis*, *M. africanum* e *M. microti*). Estes agentes patogénicos obrigatórios compõem o complexo *M.*

tuberculosis (Garnier *et al.*, 2003). Outras espécies que pertencem a este complexo são: Bacille Calmette- Guerin (BCG) estirpe vacinal, *M. cannetti, M. caprae, M. pinnipedii* e *M. mungi* (Kanamori *et al.*, 2012).

Outras espécies de micobactérias, para além das pertencentes aos MTB, podem causar tuberculose pulmonar. Estas são designadas por micobactérias não tuberculosas (MNT) (Niemann *et al.*, 2000). Muitas delas são reconhecidas como agentes patogénicos oportunistas, mas a maioria ainda não foi associada a doenças humanas (Tortoli *et al.*, 2001; Arend *et al.*, 2009).

Existem mais de164 espécies de micobactérias e 13 subespécies (Euz'eby e Parte, 2013). As MNT constituem um grupo de organismos muito diversificado, com um amplo espetro de virulência e a possibilidade de causar doenças nos seres humanos (Griffith *et al.*, 2007; Pasma e Joseph, 2010; Van der Werf *et al.*, 2014).

Desde que a American Thoracic Society (ATC) propôs as diretrizes de diagnóstico da doença pulmonar por MNT em 2007, o número de doentes com doença pulmonar por MNT tem aumentado (Kobashi *et al.*, 2013). O aumento das infecções por MNT em muitos países ultrapassa o da TB (Prevots *et al.*, 2010). Em parte, este aumento é atribuível a melhores ferramentas de diagnóstico e a um maior interesse na doença por MNT (Wagner e Young, 2004).

Muitas MNT podem desenvolver doença semelhante à TB e causar confusão no diagnóstico da TB por microscopia (Buijtels, 2007), e as doenças causadas por MNT partilham sinais clínicos com a TB, causando um problema clínico no que respeita à terapia para os doentes (Gopinath e Singh, 2010). As MNT são agentes patogénicos importantes porque o seu elevado nível de resistência natural aos antibióticos torna-as difíceis de tratar (Machado *et al.*, 2014).

Muitos laboratórios não fazem a distinção entre MTB e NTM devido principalmente à falta de instalações de cultura laboratorial para a identificação de espécies de micobactérias.

6.1.1. O objetivo do estudo

Uma vez que não foram realizados estudos anteriores para o isolamento e identificação de agentes patogénicos de NTM em seres humanos no Iraque, este estudo tem como objetivo

Isolamento e identificação de espécies de NTM e MTB a partir de espécimes clínicos por métodos bioquímicos e moleculares convencionais em doentes suspeitos de tuberculose. Estudo da resistência dos NTM aos fármacos antituberculosos. Identificação das bactérias Gram negativas e Gram positivas associadas.

1.2. Revista Literaturas

Robert Koch declarou a descoberta do bacilo da tuberculose durante a reunião mensal nocturna da

Sociedade Fisiológica de Berlim, em 24 de março de 1882. Nesse dia, o MTB, o organismo causador da tuberculose, revelou-se finalmente ao ser humano. Em memória do centenário deste acontecimento, desde 1982, o dia 24 de março é conhecido em todo o mundo como o "Dia Mundial da Tuberculose" (Sharma e Mohan, 2013).

Não se crê que as micobactérias não tuberculosas sejam transmitidas de homem para homem, mas sim que sejam transmitidas por fontes ambientais (EPA, 2002). Existe um espetro de virulência de agentes patogénicos primários, como o *M. kansasii*, que pode causar doença em indivíduos presumivelmente saudáveis, passando pelo *M. avium* associado a doença pulmonar preexistente ou a defeitos da imunidade celular, até espécies como o *M. gordonae*, que raramente estão associadas a doença (Arend *et al.*, 2009).

Observou-se um aumento significativo das infecções por MNT na década de 1980 e no início da década de 1990 (Marras e Daley, 2002; Marfin-Casabona *et al.,* 2004). Várias das espécies de MNT foram isoladas de animais, aves e peixes. Estas incluem: Complexo *M. avium* (MAC), *M. marinum, M. ulcerans, M. paratuberculosis, M. simiae, M. fortuitum* e *M. smegmatis* (Wayne e Sramek, 1992).

1.2.1. Descrição geral

O género *Mycobacterium* pertence à ordem Actinoycetales. Trata-se de um aeróbio não móvel, não formador de esporos e de reprodução lenta (Southwick, 2007). Com uma riqueza de GC do genoma de cerca de 59-66% do seu conteúdo total de ADN (Bull *et al.*, 2003). A resistência aos detergentes e a certos agentes antimicrobianos, a persistência no ambiente e uma natureza ácida/alcoólica rápida são o resultado da parede celular hidrofóbica caraterística (Draper e Daffe, 2005). A partir da camada inferior do invólucro em direção à superfície externa da bactéria, existe uma membrana plasmática de duas camadas que se pensa ser semelhante à de outras bactérias (Shorten, 2011).

Segue-se um esqueleto da parede celular constituído por peptidoglicano, complexado com ácidos micólicos exclusivos das micobactérias e arabinogalactano, que forma uma barreira de permeabilidade hidrofóbica (Lawn *et al.,* 2006). As proteínas de transporte na membrana plasmática e as porinas na camada de ácido micólico permitem a importação de substâncias hidrofílicas (Figura 1-1). Por cima desta camada encontra-se uma cápsula (ou pseudo-cápsula porque não está ligada covalentemente ao resto do invólucro) constituída por polissacáridos, proteínas e lípidos (Shorten, 2055). Muitas destas bactérias são resistentes a temperaturas elevadas e são comparativamente resistentes a pH baixo (Bodmer *et al.*, 2000).

As micobactérias de crescimento rápido (RGM) têm um tempo de geração de 6 a 10 horas (Passman *et al.*, 2009), enquanto as micobactérias de crescimento lento (SGM) têm um tempo de geração de 12-24 horas (Hiriyanna e Ramakrishnan, 1986). As colónias aparecem com uma cor amarelada

(Todar, 2002) e são pequenas após (4-6) semanas de crescimento. As MTB podem sobreviver durante longos períodos de tempo longe do seu hospedeiro. As bactérias podem sobreviver durante 70 dias em alcatifas, 45 dias em vestuário e 105 dias num livro de papel. Na expetoração que é armazenada num local fresco e escuro, pode sobreviver durante seis a oito meses. O MTB pode sobreviver no pó durante 90 a 120 dias e no estrume até 45 dias, enquanto que nas baratas durante 40 dias (Denton, 2006).

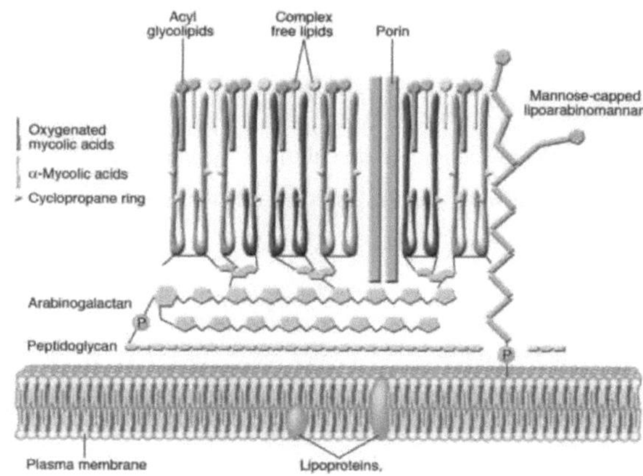

Figura 1: Parede celular micobacteriana (Flowers et al., 2006)

1.2.2. Taxonomia das NTM

Já datados de 2400 a.C., foram encontrados achados patológicos de MTB nos fragmentos da coluna vertebral das múmias egípcias (Zink *et al.*, 2003). A primeira técnica de coloração do MTB foi desenvolvida por Robert Koch em 1882 (Cambau e Drancourt, 2014). Os MTB, conhecidos nos séculos XVII e XVIII na Europa como Peste Branca, causaram mais mortes humanas do que quaisquer outros agentes patogénicos bacterianos (Haydel, 2010).

As micobactérias são bactérias Gram-positivas, aeróbias, da família Mycobacteriaceae e um dos vários géneros que contêm ácido micólico na ordem Actinomycetales (Pitulle *et al.*, 1992; Shinnick e Good, 1994). As Mycobacteriaceae compreendem apenas um género: *Mycobacterium*, um nome cunhado por Lehman e Neuman em 1896 (Wayne e Kubica, 1986).

A classificação de Runyon das NTM baseia-se na taxa de crescimento, na produção de pigmento amarelo e no facto de esta ser feita no escuro ou apenas após exposição à luz (Rogall *et al.*, 1990). Nestas bases, as NTM são divididas em quatro grupos:

1. Fotocromogéneos

Estes produzem um pigmento amarelo-alaranjado quando expostos à luz (Bernardelli, 2007; Belén *et al*, 2007). O grupo inclui *M. kansasii, M. marinum, M. asiaticum* e *M. simiae. M. szulgai* é fotocromogénico quando cultivado a 24 °C e escocromogénico a 37 °C (Chaiprasert e Leelarasamee, 1999).

2. Escocromogéneos

Estas produzem um pigmento amarelo-alaranjado, independentemente de serem cultivadas no escuro ou à luz. O grupo inclui *M. gordonae, M. scrofulaceum* (Tortoli, 2014) e *M. flaviscens* (Bojalil *et al.*, 1962).

3. Não-cromogéneos

Nunca é produzido pigmento, independentemente das condições de cultura. O grupo inclui *M. avium* e *M. intracellulare*, e numerosos outros organismos (Tortoli, 2014). Estes três grupos são classificados como "micobactérias de crescimento lento" (SGM).

4. Crescimento rápido

As micobactérias de crescimento rápido formam colónias em menos de 7 dias. Não produzem pigmento. O grupo inclui: *M. fortuitum*, *M. peregrinum*, *M. abscessus*, *M. chelonae* e *M. thermoresistibile* (Brown-Elliott e Wallace, 2002).

4.3.3. Métodos utilizados para a deteção de NTM

4.3.3.1. Coloração e cultura

Os procedimentos de coloração para micobactérias baseiam-se nas propriedades ácido-rápidas da parede celular micobacteriana, que é composta por uma fina camada interna de peptidoglicano e uma grande quantidade de glicolípidos, como o ácido micólico, o complexo arabinogalactano-lípido e o lipoarabinomanano. Durante o procedimento de coloração ácido-rápida, a parede celular ácido-rápida permite que a bactéria resista à descoloração com álcool ácido e retenha a coloração original, fucsina de carbol (Qamar e Azhar, 2013).

As micobactérias em cultura apresentam-se geralmente como dois tipos de colónias: rugosas ou lisas, e com um aspeto brilhante ou opaco (Tasso *et al.*, 2003). Os bacilos *de Mycobacterium* aparecem rectos ou ligeiramente curvos (0,2 - 0,6 µm e 1,0-10 µm). A capacidade de formar cordões a partir de agregados de bacilos de micobactérias em que o eixo longitudinal das bactérias é paralelo ao eixo longitudinal do cordão (Tasso *et al.*, 2003). Esta função está associada ao glicolípido trealose 6,6-dimicolato ou fator cordão, que é composto por moléculas de ácidos micólicos (Palomino *et al.*, 2007). A presença do cordão em colónias rugosas de coloração de Ziehl Neelsen (ZN) e não cromogénicas indica a presença de *M. tuberculosis*. Em contraste, a ausência de um cordão, ou a distribuição uniforme dos bacilos, é consistente com NTM (Tasso *et al.*, 2003).

Uma vez preparados os espécimes para isolamento, é necessária a descontaminação por N-acetil-L-cisteína-hidróxido de sódio (NALC/NaOH) ou por NaOH para evitar o crescimento de outras bactérias e liquefazer os detritos orgânicos (de Bel *et al.*, 2013).

Os únicos meios que permitem um crescimento abundante de *Mycobacterium* são os meios enriquecidos com ovo, glicerol e asparagina (por exemplo, Lowenstein-Jensen) ou meios à base de ágar contendo albumina bovina (por exemplo, middlebrook, 7H10 ou 7H11) (Khan, 2009).

As micobactérias não tuberculosas podem ser cultivadas em meios líquidos ou sólidos, como o LJ, e incubadas a 37 ◦C (van Ingen, 2013). A maioria das estirpes de MNT cresce no prazo de 2 a 3 semanas, com exceção dos tipos de micobactérias de crescimento rápido, como *M. abscessus, M. fortuitum, M. chelonae* e *M. massiliense*, que podem crescer no prazo de 7 dias (Saleeb e Olivier, 2010).

As culturas em caldo oferecem a vantagem de um maior rendimento e de um crescimento mais rápido, mas são mais susceptíveis ao crescimento excessivo de bactérias. O crescimento de espécimes em meios sólidos permite a oportunidade de visualizar as caraterísticas do crescimento das colónias (CLSI, 2003). A cultura de micobactérias é mais sensível e específica, mas é dispendiosa, consome muito tempo e requer laboratórios de segurança especializados (Angeby *et al.*, 2000).

A cultura aumenta o número de casos de tuberculose detectados e detecta casos que são negativos à baciloscopia. As culturas também fornecem material suficiente para testes de suscetibilidade a medicamentos e de identificação. As micobactérias são muitas vezes coradas com corantes fluorescentes, como a auramina-O (um corante de diamilmetano) ou com corantes mais convencionais para microscopia ótica, como Ziehl-Neelsen ou Kinyoun usando fucsina de carbol (Ray e Ryan, 2004). A coloração com fluorocromos é considerada como um método mais sensível e fiável para a deteção de bacilos da tuberculose, mas é contrariada por um maior potencial de resultados falsos positivos. Existe uma forte ligação do ácido micólico dos bacilos com a fenol auramina e os bacilos podem ser vistos numa objetiva de baixa potência (Satya, 2000).

4.3.3.2. Métodos moleculares

4.3.3.2.1. Gene 16S rRNA1

O *rRNA 16S* é uma sequência de cerca de 1500 nucleótidos codificada pelo ADN ribossómico 16S (rDNA). Este último é um gene altamente conservado, universalmente distribuído (Gillman *et al.*, 2001), com mutações que ocorrem a um ritmo lento e constante (Vaneechoutte *et al.*, 1993). Ao nível das espécies, *o 16S rDNA* deve ser estável e específico (Tortoli, 2003). A análise da sequência do gene *16S rDNA* foi recentemente alargada como um método adicional para a especiação de NTM (Jang *et al.*, 2014).

A informação específica da espécie incluída no rDNA pode também ser obtida através da análise de restrição do gene amplificado, uma técnica denominada análise de restrição do rDNA amplificado, que é adequada para a identificação de espécies estreitamente relacionadas (Vaneechoutte *et al.*, 1992; Vaneechoutte *et al.*, 1993).

Os rDNAs 16S geralmente variam entre espécies ou subespécies de bactérias (Ninet *et al.*, 1996), mas quando vários genes *rRNA 16S* do mesmo isolado foram sequenciados, eles são idênticos ou apresentam apenas pequenas diferenças (Clarridge, 2004). As espécies de MNT diferem quanto ao número de operões *rrn*. As espécies de crescimento rápido têm geralmente dois operões *rrn* (Domenech *et al.*, 1994), enquanto as espécies de crescimento lento têm um operão (Ji *et al.*, 1994).

4.3.3.2.2. Gene da proteína de choque térmico de 65- kDa (*hsp*)

A família das proteínas de choque térmico de 60 kDa (*hsp60* ou *hsp65*) foi considerada um marcador filogenético útil em vários géneros de eubactérias devido às suas estruturas primárias altamente conservadas e à sua ubiquidade (Chang *et al.*, 2003).

Quase todas as espécies bacterianas têm uma única cópia do gene *hsp60* no seu genoma (Segal e Ron, 1996), o que indica que este gene não é facilmente transferido de uma bactéria para outra e que uma abordagem filogenética, visando este gene, é possivelmente adequada para estudos filogenéticos de espécies ou estirpes estreitamente relacionadas (Kwok *et al*, 1999). O gene *hsp65* apresenta também regiões hipervariáveis (posições 624 a 664 e 683 a 725 do gene MTB), cujas sequências podem ser utilizadas para efeitos de identificação (Ringuet *et al.*, 1999).

A análise do polimorfismo do comprimento do fragmento de restrição da reação em cadeia da polimerase é uma técnica molecular concebida por Telenti e Coworkers (1993) para identificar micobactérias devido a diferenças nos fragmentos de restrição da proteína de choque térmico de 65 kD (Varma-Basil *et al.*, 2013) utilizando apenas duas enzimas de restrição (Devallois *et al.*, 1997). Estas enzimas são BstEII e HaeIII (Brunello *et al.*, 2001).

1.3.3.2.3. Gene codificador da subunidade β da polimerase do ARN (*rpoB*)

A sequenciação parcial do *rpoB* amplificado pela reação em cadeia da polimerase (PCR), o gene que codifica a subunidade β da polimerase do ARN bacteriano, foi desenvolvida como uma ferramenta adequada para a identificação precisa dos RGM (Ade 'kambi *et al.*, 2003) e a sua utilidade para determinar a taxonomia dos RGM foi demonstrada (Ade 'kambi e Drancourt, 2004).

A análise de restrição por PCR (PRA) do gene *rpoB* amplificado pode distinguir micobactérias de crescimento rápido e de crescimento lento e pode distinguir MTB de NTM (Kim *et al.*, 2001).

A região de 360 pb do gene *rpoB* revelou-se útil na distinção entre mais de 50 espécies de *Mycobacterium* através de um simples polimorfismo de comprimento de fragmentos de restrição

(RFLP) utilizando duas enzimas de restrição. Isto demonstra claramente que esta região de 360 pb do gene *rpoB* contém sequências altamente informativas (Lee *et al.*, 2003).

1.1.1.1.3. . Gene *RecA*

RecA coordena a indução de mais de 20 genes na reparação do ADN, síntese do ADN, recombinação do ADN e divisão celular (Kowalczykowski *et al.*, 1994).

Ao reforçar o emparelhamento homólogo e a troca de cadeias de ADN numa reação dependente de ATP, na formação de um filamento de nucleoproteínas (Cox, 1991). Também desempenha um papel na replicação após a paragem da forquilha (Courcelle e Hanwalt, 2003).

Tendo em conta este papel central no metabolismo do ADN bacteriano, não é surpreendente que os homólogos de *recA* estejam presentes em todas as espécies de micobactérias. Invulgarmente, em algumas micobactérias, *recA* é codificado por um gene alongado que contém uma inteína (Saves *et al.*, 2000), que é um segmento de uma proteína capaz de se excisar e juntar as partes restantes (as exteínas) com uma ligação peptídica num processo conhecido como splicing de proteínas. As inteínas também são designadas por "intrões proteicos" (Anraku *et al.*, 2005).

1.1.1.1.4. Gene A1 secretor (*SecA1*)

A exportação de proteínas é um aspeto importante da patogénese bacteriana, uma vez que a maioria dos factores de virulência são proteínas extra citoplasmáticas (Finlay e Falkow, 1997). A via secretora geral (*Sec*) foi amplamente estudada noutras bactérias, em particular na *Escherichia coli* (Mori e Ito, 2001). *SecA1* é o homólogo micobacteriano da proteína *SecA de E coli*, uma ATPase translocase pré-proteica essencial, que permite a força motriz para a exportação de proteínas através da membrana citoplasmática (Owens *et al.*, 2002). A via *Sec* micobacteriana é invulgar na medida em que tem duas proteínas *SecA*: *SecA1* é a proteína *SecA* de gestão essencial, enquanto *SecA2* é um fator de secreção acessório sem importância (Braunstein *et al.*, 2003).

1.1.1.1.5. Gene da girase A (*GyrA*)

O gene *GyrA* codifica uma proteína que forma uma subunidade de uma DNA girase. A resistência ao antibiótico ciprofloxacina em *Pseudomonas* é frequentemente conseguida através de mutações no gene *gyrA* (Bonomo e Szabo, 2006). *gyrA* foi considerado um gene cujo nível de expressão é constante numa grande variedade de condições de crescimento (Vencato *et al.*, 2006).

O principal objetivo das fluoroquinolonas no MTB é a DNA girase, codificada por *gyrA* e *gyrB* (Mdluli e Ma, 2007). Nove mutações em duas regiões curtas, denominadas regiões determinantes de resistência às quinolonas, foram associadas à resistência às fluoroquinolonas no MTB (Chen *et al.*, 2012).

1.1.1.1.6. Sondas de ADN

No entanto, foram utilizadas sondas de ADN molecular para identificar MAC, *M. gordonae* e *M. kansasii*, mas este processo é dispendioso e as sondas não são fornecidas para todas as espécies de micobactérias (Rogers *et al.*, 2012).

A identificação através da utilização de sondas de ácido nucleico é um método rápido amplamente utilizado, mas requer uma cultura bem cultivada, testes com várias sondas e refere-se apenas a uma gama restrita de espécies de micobactérias (Bull e Shannon, 1992; Kim *et al.*, 2001).

1.1.1.3. Testes imunológicos

O teste cutâneo da tuberculina (TST) é um ensaio *in vivo* utilizado para detetar a infeção latente por TB. Desde 1910, o teste cutâneo de tuberculina, também conhecido como teste intradérmico de Mantoux, é um dos testes de diagnóstico mais antigos ainda utilizados na prática médica moderna (Richeldi, 2006). A validade do teste tuberculínico é afetada por uma baixa especificidade. O derivado proteico purificado (PPD) é um filtrado de cultura de bacilos da tuberculose (Cohn e O'Brien, 2000) que contém mais de 200 antigénios que são partilhados com o *M. bovis* BCG e a maioria das micobactérias não tuberculosas. O PPD é inoculado subdermicamente e a extensão reação de hipersensibilidade de tipo retardado, que indica uma memória de células T a longo prazo, é medida pelo tamanho do endurecimento gerado. Por conseguinte, a interpretação deste teste é dificultada devido à exposição a micobactérias ambientais, à vacinação prévia com BCG (Regatieri *et al.*, 2011) e nos imunocomprometidos.

1.1.1.4. Análise do ácido micólico

Os ácidos micólicos são β-hidroxiácidos gordos com uma cadeia lateral longa na posição α, que constituem um componente importante do conteúdo lipídico da parede celular micobacteriana. Diferem no número de átomos de carbono, variando de 60 a 90, e na presença de diferentes grupos funcionais. O padrão de ácido micólico da parede celular difere geralmente consoante a espécie (Tortoli, 2003). Assim, a análise dos ácidos micólicos pode ser uma ferramenta útil para a identificação de micobactérias, o estudo da biossíntese, a identificação da formação de ácidos micólicos invulgares em estirpes mutantes, como na MDR-TB, e o efeito de fármacos antimicrobianos que visam a parede celular (Darmawati e Kusumaningrum, 2014).

Podem ser utilizadas duas abordagens diretas para a análise dos ácidos micólicos: cromatografia em camada fina (CCF) e cromatografia líquida de alta resolução (HPLC). É também utilizado um terceiro método, a cromatografia gás-líquido (GLC), em que os ácidos micólicos foram estudados como produtos de clivagem (Tortoli, 2003). Estes métodos são incómodos, dispendiosos e limitados, em parte, pela necessidade de condições de crescimento padronizadas (Luquin *et al.*, 1991; Butler *et al.*,

1991).

A cromatografia líquida de alta eficiência reconhece as micobactérias de acordo com as variações dos ácidos micólicos, os ácidos gordos de cadeia longa que residem na parede celular das micobactérias, e é altamente específica para cada espécie (Jeong *et al.*, 2011). A análise por HPLC dos ácidos micólicos surgiu como um método fiável para a deteção de micobactérias, porque se verificou que o espetro de eluição dos ácidos micólicos de cada espécie de micobactéria é único, com exceção de duas espécies (*M. bovis* e MTB) que partilham o mesmo padrão de espetro (Furlanetto *et al.*, 2014).

A cromatografia líquida de alta eficiência é morosa porque requer um isolado puro obtido de um meio sólido. E o RGM não pode ser separado nas suas múltiplas espécies por HPLC (Adékambi *et al.*, 2003). Assim, este método continua limitado a laboratórios especializados (Richter *et al.*, 2006).

1.1.1.5. Diagnóstico histopatológico

A análise histológica ou citológica de amostras respiratórias pode ser benéfica em casos difíceis, incluindo doentes que não produzem expetoração e que apenas produzem uma única cultura positiva a partir da lavagem broncoalveolar, para garantir que o processo da doença é caracterizado por uma inflamação granulomatosa (Van Ingen,

2015 2013). Especialmente nos doentes imunocomprometidos, a formação de granulomas pode ser reduzida e a necrose caseosa central associada à tuberculose pode estar ausente (Merchant *et al.*, 2013).

A histopatologia é útil para a demonstração do granuloma em amostras de aspirados/biópsias da medula óssea, do fígado ou dos gânglios linfáticos (Katoch e Mohan, 2001). A histopatologia é uma abordagem rápida e útil para diagnosticar infecções por MAC (Fahni *et al.*, 1987). Pode incluir alguns métodos *in situ* (deteção de antigénios/sondas de genes) para comprovar o diagnóstico histológico e uma etiologia direta com boa rapidez e especificidade.

1.2.4. Suscetibilidade das NTM aos antibióticos

A resistência por exposição a um único fármaco, quer devido à falta de adesão ao tratamento, à prescrição incorrecta, ao fornecimento irregular do fármaco ou à má qualidade do fármaco, suprime o crescimento dos bacilos sensíveis, mas permite a propagação de mutantes resistentes pré-existentes adquiridos por resistência/resistência em casos previamente tratados. A transferência subsequente destes bacilos para outros pode levar a uma doença que é resistente ao medicamento desde o início, conhecida como resistência primária/resistência entre os novos casos (Espinal *et al.*, 2001; OMS, 2003).

Um ambiente que contém antibióticos selectivos encoraja a ocorrência de mutações no genoma do agente patogénico (Flint *et al.*, 2004). De acordo com estas constatações, verifica-se o aparecimento de estirpes resistentes de MTB que foram divididas em dois grupos principais. As estirpes multirresistentes (MDR) são resistentes a dois fármacos de primeira linha, a isoniazida (INH) e a rifampicina (RIF), e estas estirpes cobriam cerca de 3,5 % de todos os novos casos de TB em todo o mundo (OMS, 2014). As estirpes extensivamente resistentes (XDR) são resistentes à INH e à RIF mais uma das fluoriquinolonas e pelo menos um fármaco injetável de segunda linha (capreomicina, canamicina ou amicacina).

Ainda não foi estabelecido se os MTB possuem plasmídeos e se existe um aparelho de congregação funcional nos MTB. Até agora, pensa-se que todos os determinantes da resistência aos fármacos são codificados cromossomicamente e resultam de mutações espontâneas nos nucleóides ou da inativação de genes por um elemento genético móvel (Damtie *et al.*, 2014). Algumas espécies de NTM são resistentes à maioria dos antibióticos de primeira linha (INH, RIF, Pirazinamida (PZA), Estreptomicina (STR) e Etambutol (EMB) utilizados na terapia da tuberculose (Griffith *et al.*, 2007).

As mutações missense na região limitada de *rpoB* estão relacionadas com a resistência a RIF no MTB (Telenti *et al.*, 1993; McCammon *et al.*, 2005).

As estirpes resistentes de RIF- têm mutações na região central de "81-bp hot spot" do gene *rpoB* do MTB, que inclui os códons 507 a 533, que codificam 27 aminoácidos (Cavusoglu *et al.*, 2002). As mutações mais comuns que ocorrem devido a substituições de aminoácidos encontram-se nos códões 516, 526 e 531 (Van Der Zanden *et al.*, 2003), e a sequenciação do ADN desta região pode ser utilizada como marcador clínico para o ensaio de sonda de mutação e tratamento (Minh *et al.*, 2012).

Cerca de 95% das estirpes resistentes à RIF têm uma mutação no gene *rpoB* que codifica uma ARN polimerase dependente do ADN (Sajduda *et al.*, 2004).

Embora as mutações em vários genes do MTB estejam associadas à resistência à INH, as mutações no gene *katG*, que codifica a enzima catalase-peroxidase, foram as mais frequentemente observadas (26,0 a 93,6%) (Ramaswamy e Musser, 1998; Lee *et al.*, 1999). Outros estudos revelaram genes adicionais responsáveis pela resistência à INH, tais como inhA, ahpC, oxyR e kasA (Kiepiela *et al.*, 2000; Mokrousov *et al.*, 2003). Cerca de 90% das estirpes resistentes à INH apresentam uma mutação nos genes *inhA*, *katG* e *ahp*, que codificam enzimas relacionadas com a síntese do ácido micólico da parede celular (Sajduda *et al.*, 2004).

O etambutol é um agente antimicobacteriano de espetro estreito utilizado no tratamento da tuberculose. É um agente anti-tuberculose de primeira linha que é particularmente importante quando utilizado em combinações de medicamentos para prevenir o aparecimento de resistência aos medicamentos ou no tratamento da tuberculose resistente a um único medicamento (OMS, 1997).

O etambutol parece ter como alvo a parede celular dos bacilos da tuberculose ao interferir com as arabinosil transferases, codificadas pelo operão *embCAB*, composto por três genes homólogos, *embC*, *embA* e *embB*, e envolvidas na biossíntese de arabinogalactano e lipoarabinomanano, os principais componentes estruturais da parede celular micobacteriana (Bakula *et al.*, 2013).

A resistência ao EMB tem sido repetidamente associada a alterações no gene embB, especialmente no códão 306 *do embB*, conhecido como região determinante da resistência ao EMB (ERDR). A análise da sequência ERDR foi considerada como uma ferramenta de diagnóstico rápido para a deteção de resistência ao EMB (Park *et al.*, 2012).

As substituições de aminoácidos na posição 306 de *embB* foram apresentadas em organismos resistentes ao EMB, mas não em organismos susceptíveis ao EMB (Alcaide *et al.*, 1997). Consequentemente, as mutações no códão 306 foram propostas como um marcador molecular para a deteção precoce da resistência ao EMB (Lee *et al.*, 2004)

Estudos anteriores propuseram que a proporção de estirpes com mutações embB aumentava com o aumento do número de resistências aos medicamentos, tanto nas estirpes susceptíveis como nas resistentes ao EMB (Shen *et al.*, 2007; Shi *et al.*, 2011).

A pirazinamida é um importante medicamento de primeira linha para o tratamento de curta duração da tuberculose em combinação com INH e RIF (Snider *et al.,* 1984). A suscetibilidade à PZA resulta da atividade de uma única enzima amidase com actividades de pirazinamidase (PZase) e nicotinamidase (Sun *et al.*, 1997). A PZase transforma a PZA em ácido pirazinóico bactericida, que é tóxico para o MTB e inibe a síntese de ácidos gordos (Prabhu *et al.,* 2009). A perda da atividade da PZase está correlacionada com a resistência à PZA (Scorpio *et al.*, 1997).

A pirazinamida, um análogo da nicotinamida (Ahmady *et al.*, 2013), é inativa contra o MTB em condições normais de cultura (Raynaud *et al.*, 1999), mas é ativa em meio ácido (pH 5,5) e em macrófagos hospedeiros (McClatchy *et al.*, 1981).

A maioria das estirpes de MTB resistentes à PZA possui mutações no gene pncA, o que tem implicações para o desenvolvimento de um teste rápido para a deteção de estirpes de MTB resistentes à PZA. A mutação pncA é o principal mecanismo de resistência à PZA no MTB, uma constatação adequada a observações anteriores de que a maioria das estirpes de MTB resistentes à PZA não tem atividade de PZase (Prabhu *et al.*, 2009).

A estreptomicina, um aminociclitol glicosídeo, é um medicamento anti-TB de primeira linha recomendado pela OMS e utilizado no tratamento de casos de TB. Foi demonstrado que o efeito da STR ocorre a nível ribossómico. A STR interage com o *16S rRNA* e a proteína ribossómica S12, estimulando alterações ribossómicas que provocam uma leitura incorrecta do ARNm e a inibição da síntese proteica (Shen *et al.*, 2007).

Foram identificados dois genes (*rpsL* e *rrs*) com mutações relacionadas com a resistência a STR no MTB (Sreevatsan *et al.,* 1996). As mutações do gene *rrs* que codifica o ARN ribossómico 16S nas posições 513 A para C ou T ou 516 C para T causaram resistência a STR (Brzostek *et al.*, 2004). Mutações missense no códon 43 ou 88 do *rpsL* resultam numa substituição de *Lys* por *Arg* (Wu *et al.*, 2006).

1.2.5. Epidemiologia

Ao contrário da TB, a doença causada por MNT raramente é transmitida de paciente para paciente (Aitken *et al.*, 2012). A infeção é transmitida pelo ambiente; a doença pulmonar é provavelmente devida à inalação de aerossóis de água contendo os bacilos (Thomson, 2010). Assim, a incidência da doença por MNT é determinada pelo número, distribuição e espécies de MNT no ambiente e pela sensibilidade da população humana (Zumla e Grange, 2002).

Existe uma diversidade geográfica na distribuição das espécies de NTM; enquanto o MAC ocorre em todo o mundo, outras, como o *M. xenopi* e *o M. malmoense*, estão limitadas a determinadas regiões. Além disso, a distribuição das espécies varia ao longo do tempo, possivelmente em resultado de alterações ambientais (Yates *et al.*, 1997).

O M. kansasii é o segundo agente patogénico de MNT mais comum identificado e a segunda causa mais comum de doença disseminada por MNT, a seguir ao MAC, nos Estados Unidos e no Japão (Lillo *et al.*, 1990). No sudeste de Inglaterra, *o M. kansasii* é mais comum do que a MAC (Yates *et al.*, 1997). Na Coreia do Sul, *o M. kansasii* tem sido o quarto agente patogénico de MNT mais frequentemente isolado, a seguir ao MAC, ao complexo *M. abscessus-chelonae* e *ao M. fortuitum*, mas a sua incidência tem aumentado, particularmente em áreas altamente industrializadas (Yim *et al.,* 2005).

O complexo *Mycobacterium avium* foi isolado de amostras clínicas em Itália, Suíça, Alemanha, França e Espanha (Ibanez *et al.*, 2002) e de amostras de expetoração no Brasil (da Silva Rocha *et al.*, 1999) e em Itália. Foram comunicados casos de doença humana, como doença pulmonar crónica (Molteni *et al.*, 2005), linfadenite cervical (Cabria *et al.*, 2002), abcesso hepático (Tortoli *et al.*, 2002) e infeção disseminada fatal (Ibanez *et al.*, 2002).

Ao contrário do que acontece com o MTB*,* não existe uma notificação sistemática das infecções por NTM; por conseguinte, não existem dados exactos sobre a incidência (De Groote e Huitt, 2010).

A prevalência de micobactérias não tuberculosas nos países desenvolvidos saiu da obscuridade anteriormente criada pela elevada prevalência da TB. No início dos anos 1900, havia provavelmente 100 casos de TB para cada caso de doença por MNT e, nessa altura, eram considerados contaminantes de culturas (Cook, 2010). Atualmente, este rácio TB: NTM pode estar quase alterado. Nos países em desenvolvimento, onde a TB é comum, a doença por MNT é menos reconhecida.

1.2.5.1. NTM no Médio Oriente:

Velayati *et al.*, (2015) forneceram uma visão geral das MNT no Médio Oriente de 1984 a 2014. Foi encontrado um total de 96 artigos, nos quais foram isoladas 1751 estirpes de MNT, das quais 1084 foram obtidas a partir de amostras clínicas, 619 a partir de amostras ambientais e 48 foram citadas por relatos de casos. Além disso, *o M. fortuitum* foi a micobactéria de crescimento rápido mais comum isolada de amostras clínicas (269 de 447 MGR; 60,1%) e ambientais (135 de 289 MGR; 46,7%). A MAC foi a micobactéria de crescimento lento mais comum isolada de amostras clínicas (140 de 637 MGM; 21,9%). Observou-se uma tendência crescente no isolamento de MNT do Médio Oriente nos últimos 5 anos. Esta revisão demonstra a crescente preocupação com a doença por MNT no Médio Oriente (Figura 1-2).

1.2.6. Diagnóstico de doenças por MNT

O diagnóstico da doença por MNT é muito complicado e os diagnósticos diferenciais entre a tuberculose (TB) e as doenças por MNT são muito importantes porque a epidemiologia, o tratamento e o prognóstico são diferentes (Lima *et al.*, 2013). Os métodos diagnósticos para TB pulmonar são a baciloscopia de escarro para bacilos álcool-ácido resistentes (BAAR) e a radiografia, que não conseguem diferenciar as espécies de *Mycobacterium* (Kendall *et al.*, 2011). Não existem antigénios de teste cutâneo específicos para as espécies de MNT e muitas vezes apresentam reação cruzada com a tuberculina; os testes cutâneos são de pouca utilidade para identificar a presença de infeção por MNT (Glassroth, 2008).

As micobactérias não tuberculosas são omnipresentes no ambiente e podem causar a contaminação de amostras clínicas provenientes de locais não esterilizados. O diagnóstico de doença pulmonar por MNT deve basear-se nos critérios de diagnóstico da doença pulmonar por micobactérias não tuberculosas (Griffith *et al.*, 2007). Os critérios clínicos, radiográficos e microbiológicos têm igual importância e todos devem ser seguidos para se fazer um diagnóstico de doença pulmonar por MNT (ATS, 1997; EPA, 2002).

1.2.6.1. NTM no Iraque:

No Iraque não se dá destaque e atenção às NTM, como acontece no mundo, apenas dois estudos isolaram NTM de fontes ambientais, especialmente na água (Al-Sulami *et al.*, 2012), e um estudo isolou-as de espécimes clínicos (Hamed e Saleh, 2013).

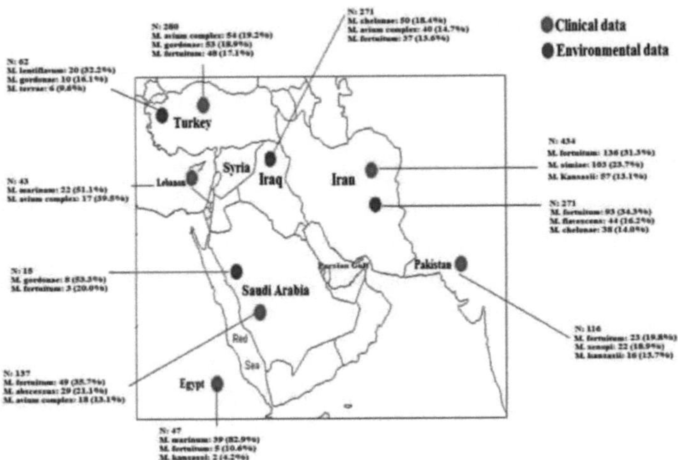

Patogénese: Figura 2: Distribuição dos dados clínicos e ambientais publicados nos países do Médio Oriente (Velayati et al., 2015).

1.2.6.2. Clínica

1) Sintomas pulmonares, opacidades nodulares ou cavitárias na radiografia do tórax ou um exame de TCAR que mostre bronquiectasias multifocais com múltiplos nódulos pequenos.

2) Exclusão adequada de outros diagnósticos.

1.1.1.3. Microbiológico

1) Resultados positivos de cultura de, pelo menos, duas amostras separadas de expetoração. Se os resultados das amostras de expetoração iniciais não forem diagnósticos, considerar a repetição de esfregaços e culturas de AFB da expetoração. Em alternativa, 1 cultura positiva com bacilos álcool-ácido resistentes moderados, muitos ou pesados observados no esfregaço (van Ingen, 2009).

2) Resultados positivos da cultura de, pelo menos, um lavado ou lavagem brônquica.

3) Biópsia pulmonar transbrônquica ou outra biópsia pulmonar com caraterísticas histopatológicas micobacterianas, inflamação granulomatosa ou AFB e cultura positiva para MNT ou biópsia com caraterísticas histopatológicas micobacterianas (inflamação granulomatosa ou AFB) e uma ou mais amostras de expetoração ou lavado brônquico com cultura positiva para MNT.

4) Deve ser consultado um perito quando se recuperam NTM que não são encontradas com frequência ou que normalmente representam contaminação ambiental.

5) Os doentes com suspeita de doença pulmonar por MNT, mas que não satisfazem os critérios de diagnóstico, devem ser seguidos até que o diagnóstico seja firmemente estabelecido ou excluído.

6) . O diagnóstico de doença pulmonar por MNT não requer a instituição de terapia, que é uma decisão baseada nos riscos e benefícios potenciais da terapia para cada paciente (EPA, 2002).

1.1.1.4. Radiográfico

As anomalias radiológicas são mais específicas e seguem normalmente dois padrões diferentes. Na doença bronquiectásica nodular, a incorporação de bronquiectasias, múltiplos pequenos nódulos (Reich & Johnson, 1992; Moore, 1993) e um padrão de "árvore em brotamento" revelador de bronquiolite é bastante específico da doença pulmonar por MNT (Koh *et al.*, 2005).

Anomalias semelhantes podem ser observadas em doentes imunocomprometidos diagnosticados com nocardiose pulmonar (Kanne *et al.*, 2011). Por conseguinte, outras doenças infecciosas, ou seja, nocardiose, infeção fúngica, tuberculose e doenças não infecciosas, ou seja, sarcoidose, que podem apresentar caraterísticas clínicas e radiográficas semelhantes, devem ser devidamente eliminadas antes de se fazer um diagnóstico estável de doença pulmonar por MNT. Mesmo com um tratamento bem sucedido, as anomalias radiográficas podem continuar ou aumentar de tamanho; apenas os pequenos nódulos tendem a desaparecer durante um tratamento bem sucedido (Diel *et al.*, 2006).

A segunda é caracterizada por lesões fibro-cavitárias que envolvem principalmente os lobos superiores e são semelhantes à tuberculose pulmonar (Patz *et al.*, 1995; Sadow, 2002; Jeong *et al.*, 2004). Na doença cavitária, os autores sugeriram que a doença pulmonar por MNT é caracterizada por cavidades de paredes finas, enquanto a tuberculose apareceria com cavidades de paredes espessas (Ellis e Hansell, 2002), mas a aparência da cavidade não pode ser usada como ferramenta de diagnóstico (Ellis, 2004). Mesmo assim, estas recomendações não parecem satisfatórias porque a maioria dos doentes com doença pulmonar por MNT não corresponde a estes critérios (van Ingen *et al.*, 2009).

1.2.7. Tratamento

1.2.7.1. Tratamento medicamentoso:

Os medicamentos utilizados para tratar a doença por MNT são muitas vezes dispendiosos, o curso é longo e o tratamento está frequentemente correlacionado com toxicidades relacionadas com os medicamentos (Griffith e Aksamit 2012). Para todas as espécies de MNT, a duração do tratamento deve abranger pelo menos 12 meses após a conversão para uma cultura negativa (Cook, 2010). A estreptomicina foi o primeiro antibiótico prescrito para a TB em 1944 (Harshitha, 2014).

A American Thoracic Society (ATS) e a Infectious Disease Society of America (IDSA) recomendaram um regime de combinação de medicamentos que inclui claritromicina ou azitromicina, RIF e EMB para o tratamento da doença pulmonar por MAC (Kim *et al.*, 2011). A RTS tem sido recomendada para doentes com doença grave e avançada, especialmente doença fibrocavitária ou previamente tratada (Griffith *et al.*, 2007).

M. kansasii e *M. szulgai* devem ser tratados com um regime de RIF e EMB, com a dosagem de EMB no limite superior da gama de doses durante os primeiros 12 meses (Piersimoni e Scarparo, 2008). A RIF tornou-se a pedra angular da terapia para a doença *por M. kansasii*, e um regime de INH/Rif/EMB de 12 meses pode ser suficiente para a cura (Cook, 2010).

N. xenopi tem resultados variáveis nos testes de suscetibilidade aos medicamentos, especialmente no que diz respeito aos agentes antituberculóticos de primeira linha. A ATS propôs uma combinação de EMB, RIF, INH e claritromicina com ou sem um curso inicial de STR (ATS, 1997).

O. malmoense pode ser difícil de tratar. Uma combinação de RIF e EMB com ou sem INH tem mostrado alguma eficácia (BTS, 2001).

As três principais espécies de *Mycobacterium* de crescimento rápido que causam doença pulmonar são *M. abscessus*, *M. chelonae* e *M. fortuitum*. A escolha do tratamento depende dos testes de suscetibilidade, uma vez que não estão disponíveis resultados de ensaios clínicos em grande escala. A doença pulmonar *causada por M. abscessus* pode ser especialmente difícil de tratar.

O tratamento envolve geralmente uma combinação de amicacina, cefoxitina/imipenem e claritromicina (van Ingen *et al.*, 2012). A duração da terapia é prolongada e depende da resposta clínica e radiológica do paciente ao tratamento e da capacidade de tolerar os medicamentos (Hatzenbuehler e Starke, 2014).

P. simiae, quando isolado em amostras clínicas, é mais frequentemente um contaminante do que um verdadeiro agente patogénico. Quando se trata de um verdadeiro agente patogénico, é difícil de tratar eficazmente, uma vez que não existem combinações de medicamentos previsivelmente eficazes (Van Ingen *et al.*, 2008).

1.2.7.2. Tratamento cirúrgico

A excisão cirúrgica da doença pulmonar limitada (focal) por MNT pode ser bem-sucedida com regimes de tratamento com múltiplos medicamentos para a doença por MAC e *M. abscessus* (ATS, 2007). Além disso, numa doença expandida, a excisão de grandes focos micobacterianos cavitários pode ajudar no tratamento médico das restantes lesões (Gadkowski e Stout 2008).

1.2.8. Vacinação

A única vacina atualmente disponível é a vacina Bacille Calmette-Guerin (BCG), que, sendo eficaz contra a doença disseminada na infância, confere uma proteção contraditória contra a TB pulmonar (McShane, 2011).

O BCG faz parte do programa de vacinação infantil de muitos países. Foram encontradas estimativas variáveis da sua eficácia na prevenção da tuberculose pulmonar numa experiência controlada, que vão de 0% no ensaio chingleput no sul da Índia a 80% no ensaio do conselho de investigação médica do Reino Unido (Mangtani *et al.*, 2013) e mais de 70% contra a meningite tuberculosa (Rodrigues *et al.*, 2005).

A BCG é a vacina mais utilizada em todo o mundo, com mais de 90% de todas as crianças a serem vacinadas. No entanto, a imunidade induzida diminui após cerca de dez anos (Lawn e Zumla, 2011).

A vacina BCG tem limitações e a investigação para produzir novas vacinas contra a TB continua. Estão a ser utilizadas duas abordagens para tentar melhorar a eficácia das vacinas disponíveis. Uma abordagem inclui a adição de uma vacina de subunidade à BCG, enquanto a outra abordagem está a tentar produzir vacinas novas e melhores (Montanes e Gicquel, 2011). A vaccinia Ankara 85A modificada (MVA85A), um exemplo de uma vacina de subunidade, baseada num vírus vacinal geneticamente modificado, está atualmente a ser estudada na África do Sul (Ibanga *et al.* 2006). Prevê-se que as vacinas venham a desempenhar um papel importante no tratamento da doença latente e ativa (Kaufmann *et al.*, 2010).

Infelizmente, não existe nenhuma vacina disponível para a prevenção de infecções por MNT. A vacina BCG oferece alguma proteção contra a infeção por NTM em crianças e pessoas infectadas pelo VIH (Horsburgh *et al.*, 1996).

Orme *et al* (1986) demonstraram pela primeira vez que a vacina BCG protege os ratinhos pré-sensibilizados e não protege os ratinhos pré-sensibilizados com NTM.

Esta estirpe vacinal é derivada de uma estirpe bovina. É semelhante ao MTB nas caraterísticas culturais e morfológicas. É uma bactéria aeróbica, que não prefere piruvato, nitratase negativa ou fracamente positiva, suscetível ao TCH, mas resistente à pirazinamida e à cicloserina e negativa para a reação da niacina (Leao *et al.*, 2004).

1.2.9. Algumas espécies de NTM com infeção de doenças pulmonares

1.2.9.1. M. abscessus

O M. abscessus foi descrito pela primeira vez por Moore e Frerichs em 1953 (Wong *et al.*, 2012). A sua micobactéria de crescimento rápido, não pigmentada, a colónia parece grande, plana, áspera e enrugada (Sanguinetti *et al.*, 2001), que foi previamente dividida em três espécies (*M. abscessus* sensu stricto, *M. massiliense* e *M. bolletii*), mas Leao *et al.* (2011) sugeriram a união de *M. bolletii* e *M. massiliense*, e também reconheceram duas subespécies dentro de *M. abscessus*: *M. abscessus* subsp. *abscessus* e *M. abscessus* subsp *bolletii. O M. abscessus* é um agente patogénico humano emergente para uma vasta gama de infecções dos tecidos moles (que incluem doenças nosocomiais) e infeção disseminada em doentes imunocomprometidos, sendo um importante agente patogénico respiratório, especialmente em doentes com fibrose cística ou doença pulmonar crónica (Brown-Elliott e Wallace, 2002). A infeção pulmonar por *M. abscessus* é mais comum em mulheres de meia-idade e idosas com bronquiectasias, mas não é claro se as bronquiectasias precedem ou resultam da infeção por *M. abscessus* (Han *et al.*, 2003).

Nos EUA, *o M. abscessus* é o terceiro agente patogénico respiratório de MNT mais frequente e geralmente fornece 80% dos isolados de doenças respiratórias por MGR (Griffith *et al.*, 2007). Na Ásia, *o M. abscessus* foi frequentemente isolado de amostras pulmonares (Simons *et al.*, 2011).

Embora a maioria dos pseudo-surtos associados aos cuidados de saúde seja tratável com antibióticos, a emergência de estirpes *de M. abscessus* multirresistentes agravou a infeção por pseudo-surtos, devido às estirpes mais virulentas e resistentes à quimioterapia (Leao *et al.*, 2009; Gayathri *et al.*, 2010). Verificou-se que mutações espontâneas em genes que codificam alvos de antibióticos dão origem a resistência (Bastian *et al.*, 2011). O tratamento da infeção por *MGR* é difícil, especialmente no caso de infecções pulmonares crónicas causadas *por M. abscessus* (Wallace *et al.*, 2014).

1.2.9.2. M. chelonae

A M. chelonae é uma *Mycobacterium* não tuberculosa, não pigmentante e de crescimento rápido. É ubíqua na natureza, como o solo, a água, os esgotos e as partículas de poeira (Preda *et al.*, 2009), mas tem sido encontrada noutros ambientes, como consultórios médicos e salas de cirurgia (Khan *et al.*, 2005). É classificado como parte do complexo *M. fortuitum* e, devido ao facto de estar estreitamente relacionado com *M. abscessus* e *M. immunogenum*, é por vezes também conhecido como grupo *M. chelonae/abscessus* (Brown-Elliott e Wallace, 2005).

São conhecidos poucos correlatos de patogenicidade na estrutura da parede celular deste organismo. Por exemplo, uma cepa resistente ao glutaraldeído apresentou correlação com redução de arabinogalactana na parede celular, associada ao aumento da hidrofobicidade, e isso pode estar relacionado à redução da penetração de moléculas como o glutaraldeído nas células bacterianas (Vignal *et al.*, 2014).

A formação de biofilmes pode ajudar a sobrevivência e a propagação de MNT. Por exemplo, *o M. chelonae* e outros organismos não micobacterianos sobreviveram na presença de germicidas como o desinfetante iodóforo, o detergente fenólico, o composto de amónio quaternário, o formaldeído a 2% e o glutaraldeído a 2%, o que pode dever-se à sua capacidade de formar biofilmes (Vess *et al.*, 1993).

A presença do gene *MtrA* parece ser importante para a invasão de células a 37°C ou para a infeção entre espécies. Este facto pode não impedir a sua replicação no ambiente, mas parece ser importante para a replicação em células animais (Harriff *et al.*, 2008).

1.2.9.3. M. kansasii

A M. kansasii é uma bactéria fotocromogénica de crescimento lento que causa uma doença pulmonar crónica semelhante à tuberculose no ser humano. O principal reservatório de *M. kansasii* é o abastecimento de água local. É uma das NTM mais patogénicas (Marras e Daley, 2002) e a forma mais comum de apresentação da infeção é uma doença broncopulmonar crónica que se manifesta tipicamente em doentes adultos com doença pulmonar obstrutiva crónica ou fibrose quística. *O M. kansasii* pode também causar infecções do esqueleto, infecções da pele e dos tecidos moles, linfadenite cervical ou outra e infeção disseminada (Brown-Elliott e Wallace, 2001). *O M. kansasii* é uma causa comum de infecções pulmonares graves em doentes com infeção por VIH (Corbett *et al.*, 1999).

A taxa de infeção anual estimada é de 532/100 000 (Marras *et al.*, 2004) e a morte é um resultado frequente (Santin e Alcaide, 2003). A infeção disseminada pelo *M. kansasii* é muito comum em doentes imunocomprometidos, como os receptores de transplantes de órgãos sólidos, os doentes com VIH, os doentes com neoplasias hematológicas ou os doentes com regimes de esteróides a longo prazo (Wallace *et al.*, 1997). Di

A infeção por *M. kansasii* envolve múltiplos órgãos, incluindo os pulmões, o fígado, o baço, a medula óssea, os gânglios linfáticos, os intestinos, o sistema nervoso central, o pericárdio, a pleura ou os rins, mas a infeção cutânea disseminada *por M. kansasii* não é comum (Han *et al.*, 2010).

1.2.9.4. Complexo *M. avium*

A primeira descrição da MAC surgiu provavelmente com a descoberta de uma "tuberculose" em galinhas (aviária) que se assemelhava à doença humana, descrita em Inglaterra em 1868.

Em 1890, já se sabia que se tratava de uma bactéria aviária, atualmente conhecida como *M. avium* (Jacobson *et al.*, 1991). *O M. avium* está muito disseminado no ambiente e é facilmente isolado do solo e da água (Prevots *et al.*, 2010), podendo colonizar fontes de água naturais, sistemas de água interiores, piscinas e banheiras de hidromassagem (Sugita *et al.*, 2000). Existem muitos casos registados causados por *M. avium*, principalmente em agricultores e homens com silicose (Field *et al.*, 2006). Também é isolado de ambientes artificiais como a água potável, uma fonte comum de infeção para doentes com SIDA. A presença da mesma estirpe na água da torneira e em doentes infectados com *M. avium* foi demonstrada em diferentes contextos (Jacobson *et al.*, 1991).

O MAC inclui *o M. avium* e *o M. intracellulare*, que são bactérias geneticamente relacionadas (Kaji *et al.*, 2015). Os dados da sequência molecular mostram que o MAC inclui 10 subespécies diferentes, tais como *M. avium, M. hominissuis, M. silvaticum* e *M. paratuberculosis, M. intracellulare, M. colombiense, M. bouchedurhonense, M. timonense, M. arosiense e M. marseillense* (Cayrou *et al.*, 2010).

O MAC é a NTM mais comum em espécimes clínicos e as infecções causadas por esta espécie são clinicamente importantes, especialmente em doentes com SIDA (Soini e Musser, 2001). É um grupo importante de organismos que causam infecções graves em doentes nas fases finais da SIDA (Beggs *et al.*, 2000), uma vez que tem sido responsável por 96% destas infecções (Pechère, 1996).

A suscetibilidade à MAC disseminada resulta de factores de risco ambientais e do hospedeiro. Estes factores são a doença crítica, a asplenia funcional, a infeção por VIH, a terapêutica prolongada com um corticosteroide e a terapêutica anti-TNF (Horsburgh, 1999).

O complexo *Mycobacterium avium-intracellular* é relativamente resistente aos metais pesados e é altamente resistente ao cloro e a outros desinfectantes utilizados no tratamento da água (Falkinham, 2003). Esta resistência deve-se à formação de biofilme (Lewis, 2001). A MAC é geralmente resistente aos agentes antituberculosos de primeira linha (Heifets, 1996).

O M. avium subespécie *paratuberculosis* (MAP) é o agente causador da doença de John, também designada por paratuberculose animal, uma enterite granulomatosa crónica que afecta os ruminantes, onde a bactéria pode sobreviver latentemente durante anos antes de causar uma doença grave. A MAP é capaz de evitar as defesas do hospedeiro e de sobreviver nos compartimentos fagossómicos durante muito tempo; também pode reprogramar a expressão genética dos macrófagos para aumentar as suas hipóteses de sobrevivência (Sigurethardottir *et al.*, 2004).

Suspeita-se que *o M. avium* subespécie *paratuberculosis* também cause alguns casos de doença inflamatória intestinal em seres humanos, especialmente a doença de Crohn, que causa caraterísticas patológicas semelhantes à doença de John (Over *et al.*, 2011). A forma de infeção é o consumo de alimentos contaminados, especialmente leite, que tem sido considerado um fator de alto risco para a transmissão do agente patogénico zoonótico do gado para os seres humanos (Mihajlovic *et al.*, 2011).

Uma doença pulmonar causada por MAC também se apresenta com infiltrados nodulares e nodulares intersticiais que afectam principalmente o lobo médio direito ou lingual (Reich e Johnson, 1992; Huang *et al.*, 1999).

1.2.9.5. M. smegmatis

O M. smegmatis foi descrito pela primeira vez por Lustgarten em 1884, que encontrou um bacilo com o aspeto corado dos bacilos da tuberculose em cancros sifilíticos. Posteriormente, Alvarez e Tavel encontraram organismos semelhantes ao descrito por Lustgarten em secreções genitais normais (esmegma). Este organismo foi mais tarde designado por *M. smegmatis* (Gordon e Smith, 1953), tendo o seu genoma sido sequenciado em 2006 (Fleischmann *et al.*, 2006). Trata-se de uma MNT aeróbia, de crescimento rápido e não pigmentada, com um tempo de duplicação de cerca de 3 horas. Tem 3,0 a 5,0 μm de comprimento e forma de bastonete. Tem a capacidade de crescer num ambiente de oxigénio limitado (Pfyffer e Palicova, 2011).

As principais caraterísticas bioquímicas para a identificação de *M. Smegmatis* incluem o crescimento na presença de NaCl a 5%, teste da nitrato redutase positivo, teste da arilsulfatase negativo (3 dias) e crescimento a 45 C. Alguns autores mencionam o grupo

M. smegmatis, incluindo as espécies recentemente descritas *M. wolinskyi* e *M. goodie* (Bercovier e Vincent, 2001; Saini *et al.*, 2009). É geralmente considerado um microrganismo não patogénico; raramente pode causar doenças como infecções de feridas e bacteriemia (Katoch, 2004). Em doentes com SIDA, pode causar lesões dos tecidos moles associadas a traumatismos e infecções e, raramente, infecções pulmonares (Pierre-Audigier *et al.*, 1997).

Uma caraterística importante dos isolados de *M. smegmatis* é a sua falta geral de suscetibilidade aos novos macrólidos, incluindo a claritromicina (Brown *et al.*, 1999), que é a pedra angular da terapia antimicrobiana para a doença RGM.

M. smegmatis torna-se dormente em baixas concentrações de oxigénio (Cordone *et al.*, 2011), e permanece viável cerca de 650 dias em caso de privação de carbono, azoto e fósforo (Rustad *et al.*, 2009).

1.2.9.6. M. flavescens

A M. flavescens foi descrita por Bojalil *et al.* (1962) como colónias macias, amarelo-alaranjadas, escotocromogénicas e butirosas (em latim, *flavescens* significa amarelo dourado) após o isolamento de um porco-da-índia tuberculoso tratado com medicamentos (Bojalil *et al*,

2015 1962). Cresce lentamente em meio L-J a 25-37°C, mas em 7-10 dias a 45 °C (Tortoli *et al.*, 2004). Embora a taxa de crescimento seja intermédia, as propriedades metabólicas e fisiológicas são mais semelhantes às das espécies de crescimento rápido.

A M. flavescens é uma *micobactéria* ambiental considerada não patogénica na maior parte das vezes, mas pode ser isolada frequentemente em amostras clínicas e vários relatórios associaram esta espécie a infecções humanas respiratórias, cutâneas e disseminadas (Kubica *et al.*, 1972).

1.2.9.7. *M. simiae*

O M. simiae foi isolado pela primeira vez de macacos em 1965 (Karassova *et al.*, 1965). É filogeneticamente classificada num complexo com outras micobactérias, como *M. triplex, M. genavense, M. heidelbergense* e *M. lentiflavum* (Cruz *et al.*, 2007). É uma *micobactéria* fotocromogénica de crescimento lento, niacina positiva e cresce otimamente a 37°C, lentamente a 25°C e não cresce a 45°C (Falkinham, 1996; Baghaeim *et al.*, 2012).

O M. simiae está presente no ambiente e pode contaminar equipamento médico e amostras laboratoriais (Conger *et al.*, 2004). É uma das MNT mais comuns, causando doença pulmonar em doentes com doença subjacente e infeção disseminada tanto em doentes imunocomprometidos como em doentes imunocompetentes (Balkis *et al.*, 2009). É transmitida por inalação de aerossóis ou por inoculação (Petrini, 2006).

A doença clínica é semelhante à causada pelo MAC, incluindo doença pulmonar crónica (Narang *et al.*, 2010). A maioria dos isolados de *M. simiae* apresenta uma fraca resposta in vivo à terapêutica e é resistente aos medicamentos anti-tuberculose (TB) de primeira linha, como a INH e a RIF (Maoz *et al.*, 2008).

A diferenciação entre *M. simiae* e *M. scrofulaceum* não é fácil através de testes tradicionais como a produção de pigmentos e niacina, pelo que devem ser utilizados métodos de análise dos padrões de ácido micólico ou outros métodos moleculares como os padrões PRA para confirmar *M. simiae* (Devallois *et al.*, 1997).

2. Materiais e métodos

2.1. Materiais

2.1.1. Equipamentos

Tabela 1: O equipamento utilizado no estudo

Não.	Equipamento	Empresa	Origem
1	Autoclave	Técnico de laboratório	Coreia
2	Centrifugadora	Humano	Alemanha
3	Centrifugadora de arrefecimento		
4	Balança digital	ADAM	REINO UNIDO
5	Sistema de eletroforese	Pescador	EUA
6	Placa de aquecimento	Heidolph	Alemanha
7	Incubadora	Memmert	
8	Microscópio de luz	Humano	
9	Micropipetas ,10µl,100µl,1000 µl	Pescador	EUA
10	Minifugador		
11	Minivórtice		
12	Forno	Memmert	Alemanha
13	Termociclador PCR Sprint	Termo	EUA
14	Medidor de pH		
15	Ultra centrífuga		
16	Transiluminador UV	Lourmat	EUA
17	Banho de água	Memmert	Alemanha

2.1.2. Produtos químicos e corantes

Tabela 2: Todos os produtos químicos e corantes utilizados no estudo

Não.	Produtos químicos	Empresa	Origem
1	Kit de coloração rápida com ácido	Syrbio	Suíça
2	Ágar	Himedia	Índia

3	Agarose	Promega	
4	Extrato de carne de bovino	Difco	EUA
5	Sal biliar n.º 3	Himedia	Índia
6	Azul de bromofenol	Pescador	EUA
7	Dimetil-alfanaftilamina		
8	Fosfato dissódico	Himedia	
9	Sal de tri potássio de dissulfato		Índia
10	DNA PrepMate-M	Bioneer	Coreia
11	Escada de ADN 1kb	Geneaid	Taiwan
12	EDTA (ácido etileno diamino tetra acetato)	BDH	Inglaterra
13	Etanol	Himedia	Índia
14	Brometo de etídio	Pescador	EUA
15	Amónio ferroso	Himedia	Índia
16	Mini kit de ADN genómico (sangue/células cultivadas)	Geneaid	Taiwan
17	Kit de coloração de Gram	Syrbio	Suíça
18	Glicerol	Himedia	Índia
19	Peróxido de hidrogénio		
20	Ácido clorídrico		
21	Isoniazida		
22	Lactose	Himedia	Índia
23	Fosfato monopotássico		
24	Vermelho neutro	Solóide	REINO UNIDO
25	Kit de deteção de niacina		
26	Fenolftaliendisulfato	Himedia	Índia
27	Tampão fosfato salino	Oxoide	Inglaterra

28	Nitrato de potássio	Himedia	Índia
29	Telureto de potássio		
30	Pirazinamida		
31	Primários	Bioneer	Coreia
32	Bicarbonato de sódio	Himedia	Índia
33	Cloreto de sódio		
34	Hidróxido de sódio		
35	Sacarose	Merck	Alemanha
36	Ácido sulfanílico	Himedia	Índia
37	Citrato tripotássico mono-hidratado	Pescador	EUA
38	Tris -HCl	Himedia	Índia
39	Tween 80		
40	Ureia		

2.1.3. Meios de cultura

Os meios foram preparados de acordo com as instruções do fabricante.

Quadro 3: Meios de cultura

Não.	Media	Empresa	Origem
1	Base média de Lowenstein-Jensen	Himedia	Índia
2	Base de caldo Middlebrook 7H9 com suplemento de enriquecimento OACD (FD019)		
3	Base de ágar Middlebrook 7H10 com suplemento de enriquecimento OACD (FD018)		
4	Ágar-ferro com açúcar triplo	Difco	EUA
5	Base de ágar ureia	Oxoide	Inglaterra
6	Peptona		

7	Meio de água de peptona	Himedia	Índia

2.1.4. Preparação de soluções químicas

2.1.4.1. Solução estéril de NaOH a 4%

Consiste em 10 g de hidróxido de sódio por 250 ml de água destilada. Esterilizar em autoclave a 121◦ C, 15 bar durante 20 min.

2.1.4.2. Solução corante de brometo de etídio:

Consiste em 0,05 g de brometo de etídio por 10 ml de água destilada e é armazenado num recipiente escuro a 4° C (Sambrook e Russell, 2001).

2.1.4.3. Solução de corante azul de bromofenol:

Foi preparado por:

A. Azul de bromofenol em água destilada 0,25 % (p/v).

B. Sacarose em água destilada a 40% (p/v).

2.1.4.4. Preparação do tampão Tris EDTA (TE):

Consiste em 1,214 g de Tris-HCl por 10 ml de água destilada (1M) como stock.

1,861 g de EDTA por 10 ml de água destilada (0,5M) como stock e dissolvido por aquecimento.

O tampão Tris EDTA foi preparado misturando 1 ml da solução (A) e 0,2 ml da solução (B). O volume foi completado para 100 ml com água destilada (PH 8). Autoclavado a 121◦ C durante 15 minutos e armazenado a 4◦ C para ser utilizado posteriormente (Sambrook e Russell, 2001).

2.1.5. Preparação de meios de cultura e de identificação:

2.1.5.1. Meios de cultura:

Todos os meios de cultura foram autoclavados a 121° C, sob 1,5 bar, durante 15 minutos.

2.1.5.1.1. Base média Lowenstein Jensen (Base média LJ):

Este meio foi preparado através da suspensão de 37,24 g de base do meio LJ em 600 ml de água destilada contendo 12 ml de glicerol. Entretanto, preparar 1000 ml de emulsão de ovos inteiros recolhidos assepticamente. Adicionar a emulsão de ovo e distribuir em tubos estéreis com tampa de rosca. Os tubos foram colocados numa posição inclinada. O método de coagulação foi modificado colocando os tubos de selante na estufa a 85 C durante uma hora (instruções do fabricante).

2.1.5.1.2. Middlebrook 7H9 Broth Base:

Foi preparado através da suspensão de 2,35 g por 450 ml de água destilada, adicionando 2 ml de glicerol. Adicionar assepticamente 50 ml de suplemento de crescimento Middlebrook OADC (FD019), misturando bem antes de dispersar (instruções do fabricante).

2.1.5.1.3. Base de ágar Middlebrook 7H10:

Suspendendo 9,73 gm por 450 ml de água destilada contendo 2,5 ml de glicerol. Adicionando assepticamente 50 ml de suplemento de crescimento Middlebrook OADC (FD018), misturando bem e deitando em tubos ou recipientes esterilizados com tampa de rosca (instruções do fabricante).

2.1.5.2. Meios de identificação:

2.1.5.2.1. Ágar MacConkey sem violeta cristal:

Foi preparado de acordo com as instruções do fabricante e consistia em 10 g de lactose, 5 g de cloreto de sódio, 20 g de peptona, 1,5 g de sal biliar n.º 3, 0,03 g de vermelho neutro, 15 g de ágar por 1000 ml de água destilada (pH 7,4). Este meio utilizado para a deteção de *Mycobacterium* cresce em ágar MacConkey sem violeta de cristal.

2.1.5.2.2. Base de ágar Middlebrook 7H10 (HimediaM199):

Como em 2.1.5.1.2

2.1.5.2.3. Agar de ferro com açúcar triplo:

Este meio é utilizado para testar a fermentação da dextrose, lactose e sacarose e a produção de sulfureto de hidrogénio. O meio é preparado de acordo com as instruções do fabricante.

2.1.5.2.4. Base de ágar ureia:

Este meio foi utilizado para testar a atividade da urease e foi preparado suspendendo 2,4 g de base de ágar ureia em 95 ml de água destilada. Introduzir assepticamente 5 ml de solução estéril de ureia a 40 %. Misturar bem, distribuir quantidades de 10 ml em tubos de ensaio estéreis e deixar assentar na posição inclinada (Bridson, 2006).

2.1.5.2.5. Caldo de nitratos:

É constituído por 3 g de extrato de carne de bovino, 5 g de peptona e 1 g de nitrato de potássio por 1000 ml de água destilada.

Reagente I: naftilamina, 5 g; ácido acético (5 N) 30 %, 1 L

Reagente II: ácido sulfanílico, 8 g; ácido acético (5 N) 30 %, 1 L

2.1.5.2.6. Meio de Lowenstein Jensen com 5% de NaCl:

Adicionando 5 g de cloreto de sódio em 100 ml de meio LJ (2.1.5.1.1). Este meio é utilizado para testar a capacidade de crescimento das espécies de *Mycobacterium* na presença de 5% de NaCl.

2.2. Métodos:

2.2.1. Recolha e tratamento de amostras

Cento e cinquenta amostras de expetoração foram recolhidas de doentes suspeitos de tuberculose em ACCDR em Basrah durante o período de 2 de janeiro de 2013 a 31 de dezembro de 2013. Todas as amostras eram de ambos os géneros (73 homens e 77 mulheres) com idades compreendidas entre os 10 e os 80 anos. Foram colhidos 10 ml de todas as amostras de expetoração em recipientes estéreis com tampa de rosca de manhã cedo. A expetoração foi colhida pedindo ao doente para tossir profundamente para dentro do recipiente e, em seguida, fechando imediatamente a tampa. Os doentes foram questionados sobre a idade, o sexo, a residência, o tipo de trabalho, o tabagismo e as doenças crónicas. As amostras foram processadas imediatamente ou refrigeradas a 4°C o mais rápido possível (SIREVA, 1998).

Todas as amostras foram coradas com ácido rápido e examinadas ao microscópio ótico, sendo depois tratadas por adição de NaOH (4%) para digestão e descontaminação, misturadas vigorosamente com um misturador vórtex e centrifugadas a 3000 x g durante 15 min. (Vandepitt *et al.*, 2003).

Os sedimentos foram ajustados com HCl 1N contendo vermelho de fenol como reagente para o pH (Mankhi, 2010). Os slants de LJ foram inoculados com as gotas do sedimento e incubados a 37 C durante mais de 8 semanas. Foi adotado um fluxograma exaustivo (Fig. 2-1).

2.2.2. Determinação da taxa de crescimento e da produção de pigmentos:

Para examinar a taxa de crescimento, uma alça de crescimento da cultura em meio LJ foi triturada com uma gota de água estéril e a suspensão foi subcultivada em duas lâminas de meio LJ em tubos com tampa de rosca e incubada a 35-37 C. O crescimento foi detectado após 6 dias (Birn *et al.*, 1967). Foram inoculados outros slants diretamente a partir do crescimento primário e incubados a 37 C, um em luz contínua e o outro na escuridão. Quando o crescimento destes estava maduro, a sua pigmentação foi inspeccionada.

2.2.3. Identificação de espécies de micobactérias

2.2.3.1. Testes bioquímicos

2.2.3.1.1. Crescimento em ágar MacConkey sem violeta de cristal Os isolados foram cultivados pelo método de estrias. Foi registado um resultado positivo quando houve crescimento.

2.2.3.1.2. Atividade da arilsulfatase

2.2.3.1.2.1. Solução de reserva de substrato enzimático:

Dissolver 2,6 g de sal tripotássico do dissulfato de fenolftaleína em 50 ml de água destilada para obter uma solução 0,08 M. Esterilizada por filtração através de um filtro de membrana com poro de 0,22 m (Sartorius, Alemanha) e armazenada a 5 C.

2.2.3.1.2.2. Meio líquido

Dois frascos de meio líquido Middlebrook 7H-9 preparados como em 3-5-1-2, cada um com 180 ml, esterilizar por autoclavagem, depois de arrefecer 20 ml de Middlebrook

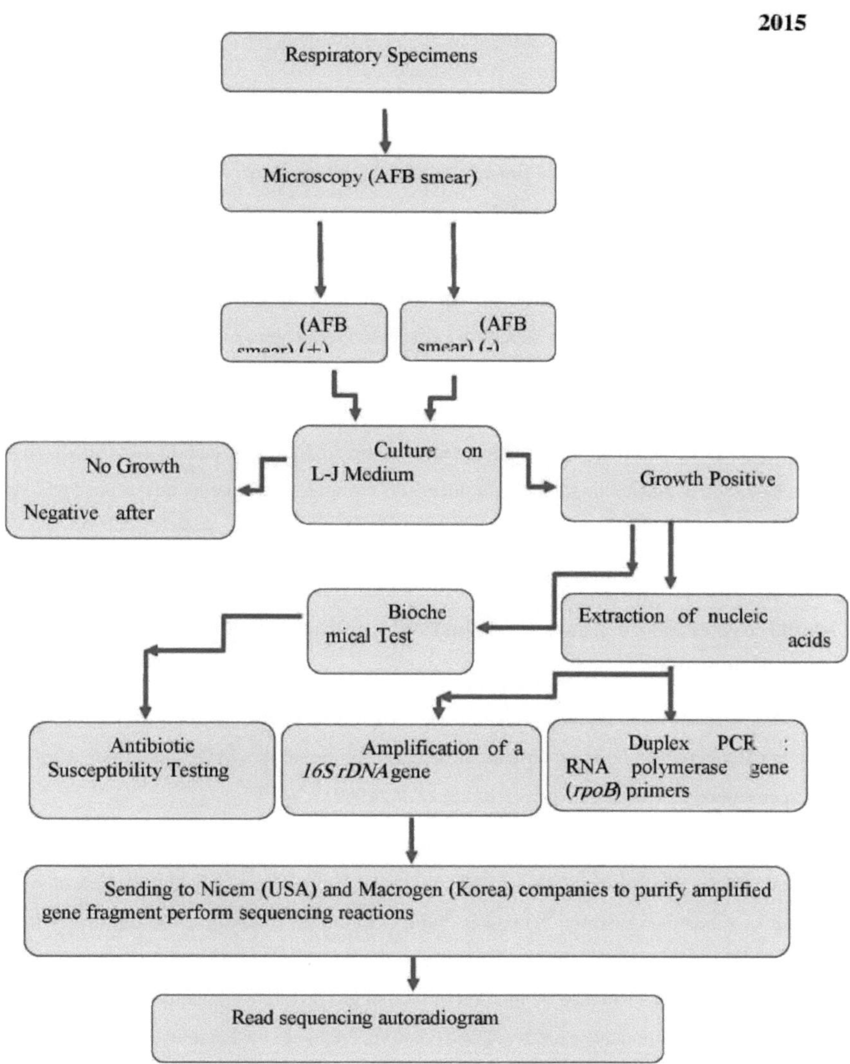

Esquema 1: Fluxograma geral do estudo

O enriquecimento com OADC foi adicionado assepticamente a cada balão para obter um volume total de 200 ml.

Para o meio de ensaio de 3 dias, adicionaram-se assepticamente 2,5 ml do substrato enzimático 0,08 M de reserva aos 200 ml de meio líquido completo para obter um substrato de 0,001 M. Para o meio de ensaio de 14 dias, adicionaram-se assepticamente 7,5 ml do stock de substrato enzimático 0,08 M do outro frasco aos 200 ml de meio líquido completo para obter um substrato de 0,003 M.

Dispensar assepticamente cada solução de trabalho numa quantidade de 2 ml em tubos de ensaio estéreis com tampa de rosca.

2.2.3.1.2.3. (carbonato de sódio 2N)

Dissolver 10,6 g de Na2CO3 anidro em 100 ml de água destilada e esterilizar com um filtro de membrana de 0,22 µm de porosidade.

Rotular os tubos de substratos de teste de 3 e 14 dias com os números das amostras, inocular ambos os testes com 0,1 ml de uma cultura líquida de 7 dias do microrganismo desconhecido ou uma pá cheia de microrganismos retirada de uma subcultura em crescimento ativo em meio sólido, incubar a 35-37 C, após 3 dias de incubação, adicionar não mais do que 6 gotas de carbonato de sódio 2N ao tubo de substrato 0,001 M, após 14 dias de incubação, adicionar não mais do que 6 gotas de carbonato de sódio 2N ao tubo de substrato 0,003 M. Uma reação positiva é indicada quando a cor muda para rosa ou vermelho após a adição imediata da solução de carbonato, enquanto que a ausência de mudança de cor é uma reação negativa (Kubica e Ridgon, 1961).

2.2.3.1.3. Redução da telurite de potássio

0,2 % de telurito de potássio foi preparado dissolvendo 0,1 g de telurito de potássio em 50 ml de água destilada. (Kilburn *et al.*, 1969).

Foram preparados 90 ml de meio líquido Middlebrook 7H-9 e completados com 0,5 ml de tween 80. Esterilizou-se em autoclave e adicionou-se 100 ml de enriquecimento de OADC. Distribuir 5 ml do meio completo em tubos de tampa de rosca (Kilburn *et al.*, 1969).

Noular o meio com uma grande quantidade de isolados e incubar a 35 C durante 7 dias com agitação manual diária. Adicionar 2 gotas de solução estéril de telurito de potássio a cada cultura de teste e ao controlo e agitar os tubos para misturar. Todas as culturas foram incubadas a 35◦ C durante 3 dias, sem agitação dos tubos durante esse período. No terceiro dia, as células sedimentadas em cada tubo de cultura são examinadas. A formação de um precipitado negro de telúrio metálico dentro e à volta das células bacterianas sedimentadas é um resultado positivo, enquanto o crescimento de células sem um precipitado negro é um resultado negativo. Algumas espécies produzem um precipitado castanho claro ou cinzento que deve ser registado como um teste negativo (Kilburn *et al.*, 1969).

2.2.3.1.4. Hidrólise de Tween 80

2.2.3.1.4.1. As soluções-mãe de tampão fosfato, pH 7,0, foram preparadas da seguinte forma:

Fosfato dissódico, 0,067 M.

Dissolver 9,47 gm de Na2HPO4 anidro em 1L de água destilada.

Monopotássio-fosfato, 0,067 M.

Dissolvendo 9,07 gm de KH2PO4 em 1L de água destilada.

Para preparar 100 ml de tampão de pH 7,0, 61,1 ml da solução "a" foram misturados com 38,9 ml da solução "b" (Leao *et al.*, 2004).

2.2.3.1.4.2. Meio de substrato:

A 100 ml de tampão fosfato (pH 7,0) adicionar 0,5 ml de tween 80 e 2 ml de uma solução aquosa de vermelho neutro a 0,1%. O substrato foi distribuído em quantidades de 2 ml em tubos com tampa de rosca. Autoclavar a 121 C durante 10 minutos. O substrato deve apresentar uma cor palha ou âmbar após a autoclavagem e ser armazenado no escuro a 4 C durante um período não superior a 2 semanas (Leao *et al.*, 2004).

O substrato foi inoculado com uma pá cheia de organismos de teste de uma cultura jovem e em crescimento ativo e incubado a 35 C para ser examinado após 1, 5 e 10 dias. Não agitar os tubos durante a leitura. Teste positivo quando o substrato se torna cor-de-rosa a vermelho. Teste negativo quando o substrato permanece de cor âmbar após 10 dias de incubação (Leao *et al.*, 2004).

2.2.3.1.5. Pirazinamidase

Para testar a suscetibilidade dos isolados, foi utilizado o meio de ágar Middlebrook 7H10 contendo 400 μg/ml de pirazinamida. 4 ml deste meio foram distribuídos em tubos de ensaio de vidro esterilizados. Os tubos foram inoculados com isolados e incubados a 37 °C. durante 7 dias, tendo sido adicionado 1 ml de solução de amónio ferroso a 1 % aos tubos de ensaio e refrigerados durante 4 h. Qualquer mudança de cor de rosa para vermelho foi considerada positiva (Sharma *et al.*, 2010).

2.2.3.1.6. Produção de sulfureto de hidrogénio (H2S)

Os isolados foram inoculados num meio de ágar de ferro e açúcar triplo, incubados a 35 C durante 7 dias ou mais antes do exame. O meio é observado quanto ao escurecimento (Alexander e Strete, 2001).

2.2.3.1.7. Produção de urease

Os isolados bacterianos foram cultivados em ágar ureia inclinado a 35 °C durante 5 dias. Os isolados produtores de urease hidrolisam a ureia para formar amoníaco, e o meio muda de cor de laranja para rosa (Bridson, 2006).

2.2.3.1.8. Redução de nitratos

Os isolados foram cultivados em nitrato a 35 C durante 7 dias. Misturar um volume igual (0,5 ml) do reagente I com 0,5 ml do reagente II imediatamente antes da utilização. Adicionar 0,1 ml do reagente de teste a 2 ml do caldo de cultura. Misturar bem e observar o aparecimento de uma cor rosa-avermelhada (Parija, 2012).

2.2.3.1.9. Tolerância a 5% de NaCl

Os isolados foram cultivados em meio LJ com 5% de NaCl, e incubados a 35 C. O aparecimento de crescimento após 28 dias é uma reação positiva (Babady e Wengenack, 2012).

2.2.3.1.10. Teste da catalase

O teste da catalase foi efectuado adicionando um volume igual de 10 % de Tween 80 e 30 % de H2O2 a uma cultura a ser testada numa lâmina de vidro. A cultura é observada quanto ao aparecimento imediato de bolhas (Leao *et al.*, 2004).

2.2.3.1.11.

Foram efectuadas suspensões pesadas dos organismos com 0,5 ml de tampão fosfato 0,067 M (pH 7) num tubo com tampa de rosca. Em seguida, foram incubadas a 68 °C num banho de água durante 20 minutos e arrefecidas à temperatura ambiente. Adicionou-se o reagente de catalase (0,5 ml) (volume igual de 10 % Tween 80 e 30 % H2O2) a cada tubo de ensaio. A reação positiva é o aparecimento de bolhas. (Leao *et al.*, 2004).

2.2.3.1.12. Teste da niacina

O ensaio foi efectuado de acordo com as instruções do fabricante, como se segue:

2.2.3.1.12.1. Preparação da amostra de ensaio:

Adicionaram-se dois ml de água destilada esterilizada à superfície do meio LJ em que as colónias a testar estão a crescer. O meio foi picado com uma agulha e a lâmina foi incubada em posição vertical a 37 C durante 2 horas num banho de água. Utilizou-se 1 ml desta solução como amostra de teste.

2.2.3.1.12.2. A. Teste:

O conteúdo da parte A (1 ml) foi transferido para a parte B (1 ml), que foi utilizada como solução reagente para os testes seguintes. A amostra de ensaio (1 ml) foi transferida para a solução reagente utilizando uma seringa.

Reação positiva - Desenvolvimento de cor amarela em 5 minutos.

Reação negativa - Sem desenvolvimento, a solução reagente permanece incolor.

2.2.3.1.12.3. B. Controlo positivo

O conteúdo da parte A foi transferido para a parte B, que foi utilizada como solução reagente. Transferiu-se 1 ml do reagente R055 P. para a solução reagente utilizando uma seringa. O desenvolvimento da cor amarela foi observado em 5 minutos.

2.2.3.1.12.4. C. Controlo negativo

Transferir o conteúdo da parte A para a parte B, utilizando-a como solução reagente. Transferir 1 ml de água destilada estéril para a solução reagente utilizando uma seringa. A cor da solução permanece incolor após 5 minutos.

2.2.3.1.12.5. D. Eliminação:

Foram adicionados dez por cento de NaOH a cada um dos frascos de reagente e eliminados por autoclavagem ou incineração.

2.2.3.2. Ensaios de identificação genética

2.2.3.2.1. Extração de ADN de *Mycobacterium*:

1) O ADN foi extraído por DNA PrepMate-M (Bioneer, Coreia) de acordo com as instruções do fabricante, como se segue:

1) 500 µl de cultura de caldo bacteriano foram suspensos em 50 µl de tampão de hidrólise.

2) A suspensão foi agitada em vórtice durante 5 minutos e centrifugada a 6000 rpm durante 5 minutos.

3) O sobrenadante foi eliminado e o sedimento foi suspenso com 500 µl de solução de lavagem 1x.

4) O tubo foi centrifugado a 6000 rpm durante 2 minutos. Os passos 3[ed] e 4th foram repetidos duas vezes.

5) O sobrenadante foi completamente eliminado utilizando a ponta amarela e o pellet foi ressuspendido com 50 µl de tampão de lise.

6) Foi adicionado um óleo mineral suficiente para a sobreposição e cada tubo foi fervido durante 20 minutos.

7) A suspensão foi centrifugada a 13000 rpm durante 10 minutos.

8) A extração de ADN foi realizada de acordo com Kato *et al.* (1998) com modificações. Uma

alça de crescimento bacteriano foi suspensa em 200 µl de tubo eppindroff de tampão TE estéril, agitada em vórtex durante 3min, a suspensão foi aquecida a 85°C durante 10 min, agitada novamente em vórtex durante 2 min, aquecida a 85°C durante 5 min. O lisado foi então centrifugado a 10000 ×g durante 7 minutos para precipitar os detritos celulares e o sobrenadante foi transferido para um novo tubo estéril. Os lisados foram então armazenados a 20°C até serem necessários para a PCR.

9) A extração de ADN foi efectuada de acordo com o mini kit de ADN genómico (sangue/células cultivadas) da empresa produtora (Geneaid, Taiwan) da seguinte forma:

10) O crescimento bacteriano ativado foi transferido para um tubo de microcntrifugação de 1,5 ml.

11) Foram adicionados ao tubo 200 µl de tampão de lisozima (20 mg/ml de lisozima, 20mM Tris-Hcl, 20mM EDTA, 1% Triton x-100, pH 8,0, preparado em tampão de lisozima fresco imediatamente antes da utilização) e ressuspendeu-se o sedimento celular agitando a pipeta utilizada.

12) A suspensão foi incubada à temperatura ambiente durante 10 minutos. Durante a incubação, o tubo foi invertido a cada 2-3 minutos.

13) Adicionaram-se 200 µl de tampão de ligação do ADN em gel (GB) à amostra e misturou-se agitando vigorosamente durante 5 segundos.

14) A mistura foi incubada a 70°C durante 10 minutos ou até o lisado da amostra ficar límpido. Durante a incubação, o tubo foi invertido de 3 em 3 minutos. Durante este período, o tampão de eluição necessário (200 l por amostra) foi incubado a 70°C (para a etapa 5, eluição do ADN).

15) Após incubação a 70°C, foram adicionados 200 µl de etanol absoluto ao lisado da amostra e imediatamente misturados por agitação vigorosa. Quando apareceu um precipitado, este foi quebrado por pipetagem.

16) A mistura (incluindo qualquer precipitado) foi transferida para a coluna GD.

17) A coluna GD foi colocada num tubo de recolha de 2 ml e centrifugada a 12000 xg durante 5 minutos.

18) O tubo de recolha de 2 ml que contém o fluxo foi rejeitado e a coluna GD foi colocada num novo tubo de recolha de 2 ml.

19) Foram adicionados 400 µl de tampão W1 à coluna GD e centrifugada a 12000 xg durante 3 min.

20) Retirou-se o fluxo e colocou-se a coluna GD de novo no tubo de recolha de 2 ml.

21) Adicionaram-se 600 µl de tampão de lavagem (etanol absoluto adicionado) à coluna GD e centrifugou-se a 12000 xg durante 3 min.

22) O fluxo foi eliminado e a coluna GD foi colocada novamente no tubo de recolha de 2 ml e centrifugada novamente durante 5 minutos a 12000xg para secar a matriz da coluna.

23) A coluna GD seca foi transferida para um tubo de microcentrifugação limpo de 1,5 ml.

24) Adicionou-se 100 µl de tampão de eluição pré-aquecido ao centro da matriz da coluna.

25) A coluna foi deixada em repouso durante 3,5 minutos ou até que o tampão de eluição fosse absorvido pela matriz e centrifugada a 12000 xg durante 7 minutos para eluir o ADN purificado.

O ADN foi visualizado por eletroforese em gel de agarose (0,8%) (Sambrook e Russell, 2001).

2.2.3.2.2. Identificação de NTM e MTB por PCR

Vinte isolados foram submetidos a identificação utilizando PCR duplex (dois pares de primers) para amplificar o gene *rpoB* (Bioneer, Coreia), que se encontra listado no quadro (4).

Tabela 4: Primers para o gene rpoB

Gene	Primer type	Primer sequence (5'-3')	Size of product
rpoB gene	Tbc 1F	5'-CGTACGGTCGGCGAGCTGATCCAA -3'	235 bp
	TbcR5 R	5'-CCACCAGTCGGCGCTTGTGGGTCAA-3'	
	M5 F	5'-GGAGCGGATGACCACCCAGGACGTC-3'	136 bp
	RM3 R	5'-CAGCGGGTTGTTCTGGTCCATGAAC-3'	

Os mesmos 20 isolados foram sujeitos a identificação utilizando PCR para amplificar o *rDNA 16S* bacteriano universal, que se encontra listado na tabela (5).

Quadro 5: Primers universais para o rDNA 16S

Gene	Tipo de primário	Sequência do iniciador (5 -3)	Tamanho do produto
Universal *rDNA 16S* bacteriano	B 27 F	5'-AGAGTTTGATCCTGGCTCAG-3'	1500bP
	U 1492 R	5'-GGTTACCTTGTTACG ACTT-3'	

Os volumes totais da mistura utilizada para a amplificação por PCR estão descritos no quadro (6).

Quadro 6: Mistura de PCR para amplificação do gene 16S rDNA e rpoB

Não	Reagente	Volume
1	Modelo de ADN	5 µl
2	Primário direto	1 µl (10 pmol)
3	Primário inverso	1 µl (10 pmol)
4	Pré-mistura	5 µl

5	Água sem nuclease	8 µl
Volumes		20 µl

2.2.3.2.3. Condição de ciclo térmico

I- O método D-PCR para a amplificação do gene *rpoB* foi efectuado de acordo com Singh *et al.* (2013) com pequenas modificações. O programa está descrito na tabela (7).

Tabela 7: Programa utilizado na amplificação D-PCR do gene rpoB.

Passos	Temperatura °C	Tempo	N.º de ciclos
Desnaturação inicial	95	5 min	1
Desnaturação	95	30 Seg	
Recozimento	60	30 Seg	30
Extensão	72	40 Seg	
Extensão final	72	5 min	1

II- O método de PCR para a amplificação do *rDNA 16S* universal foi efectuado de acordo com Williams *et al.*, (2007). O programa está descrito na tabela (8).

Tabela 8: Programa utilizado na amplificação por PCR para o rDNA 16S.

Passos	Temperatura °C	Tempo	N.º de ciclos
Desnaturação inicial	92	2 min	1
Desnaturação	94	30 Seg	
Recozimento	51.8	45 Seg	30
Extensão	72	1,5 min	
Extensão final	72	5 min	1

2.2.3.2.4. Identificação de espécies *de Mycobacterium*

As amostras de DNA (15 µl) dos produtos de *16S rDNA* de vinte isolados *de Mycobacterium*, e para concentração de primer (para cada) (5 pmol/µl) e volume (5µl) foram enviadas para as empresas Nicem (EUA) e Macrogen (Coreia) para purificação e sequenciamento. Os dados de sequenciamento *do 16S rDNA* foram identificados no "BLAST" fornecido pelo National Center for Biotechnology Information Service (NCBI) http://www..ncbi.nlm.nih.gov, após tratamento e re-corecção (Kerbauy *et al.*, 2011).

2.2.4. Teste de suscetibilidade a medicamentos anti-TB

Foi efectuado um teste de suscetibilidade a antibióticos de acordo com o método de proporção (Canetti *et al.*, 1963).

Quadro 9: Concentrações de antibióticos utilizadas no teste de suscetibilidade aos fármacos anti-TB.

Antibiótico	Fonte	Concentração	Solvente
Rifampicina	Himedia/Índia	1 µg/ml	DMSO
Etambutol		2 µg/ml	Água destilada
Pirazinamida		0,25 µg/ml	
Estreptomicina		2 µg/ml	
Isoniazida		0,2 µg/ml	

2.2.4.1. Preparação da suspensão bacteriana:

Para preparar a suspensão bacteriana (1 mg /ml), cerca de 2 mm^3 do crescimento bacteriano foi triturado com 2 ml de água destilada estéril e bem misturado por vórtex. A partir desta suspensão, foi preparada uma diluição ($10^{-2)}$ (Vestal, 1975).

2.2.4.2. Leitura dos resultados:

Os resultados foram lidos após 21 dias de incubação a 35 C. O isolado foi registado como resistente quando o crescimento na concentração crítica do medicamento é superior a 1% do crescimento no meio Middlebrook 7H10 sem antibiótico. Quando o caso é o oposto, o isolado é considerado suscetível. A percentagem de resistência foi calculada pela seguinte fórmula (Vestal, 1975):

$$\frac{Number of colonies\ on\ the\ drug}{Number of colonies\ on\ the\ control} * 100 = \%\ resistance$$

2.2.5. Identificação de bactérias associadas

As bactérias associadas a micobactérias foram identificadas de acordo com Brenner *et al* (2005), como na figura (2-2). Os meios utilizados para a identificação são mencionados no quadro (10).

Tabela01 : Meios de cultura para bactérias associadas.

Não	Media	Empresa	Origem
1	Ágar manitol	Difco	EUA
2	Ágar MacConkey	Himedia	Índia
3	Ágar nutriente	LAB	REINO

			UNIDO
4	Caldo de nutrientes	LAB	REINO UNIDO
5	Oxidação Fermentação Meio basal	Difco	EUA
6	Ágar TCBS	Himedia	Índia

2.2.6. Análise estatística

A análise estatística foi efectuada através do teste do qui-quadrado (X^2). O valor de p inferior a 0,05 foi considerado estatisticamente significativo e o valor de p inferior a 0,01 foi considerado altamente significativo (Al-Mohammed *et al.*, 1980).

3. Resultados

3.1. Caraterísticas culturais e microscópicas

Todas as amostras foram cultivadas em meio LJ após descontaminação com NaOH. Trinta e nove amostras foram positivas para a coloração ácido-rápida, apresentando caraterísticas culturais e microscópicas que permitiram a sua identificação no género *Mycobacterium* e, posteriormente, em diferentes espécies, com o auxílio da caraterização bioquímica.

As células micobacterianas apresentavam-se como células individuais ou agregadas (Fig. 1). As colónias de NTM nos meios LJ e Middlebrook 7H10 eram colónias circulares, rugosas ou lisas, de cor creme pálido (Fig. 2 e 3).

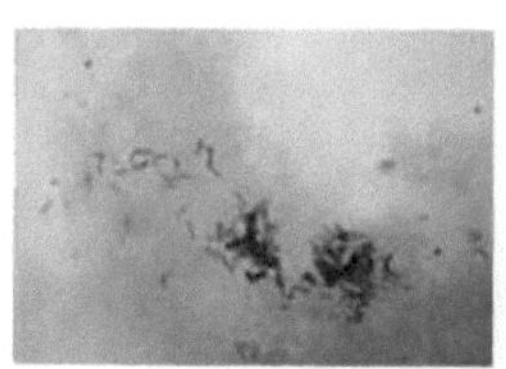

M. avium complex

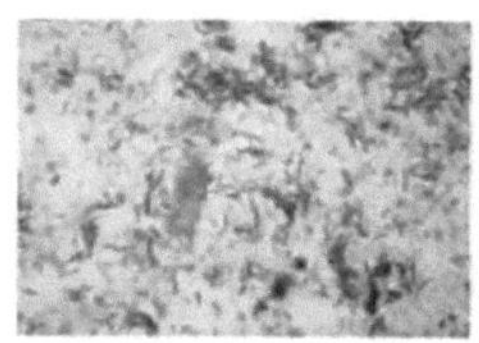

M. tuberculosis

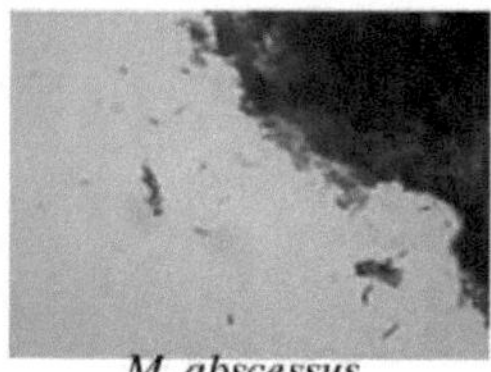

M. abscessus

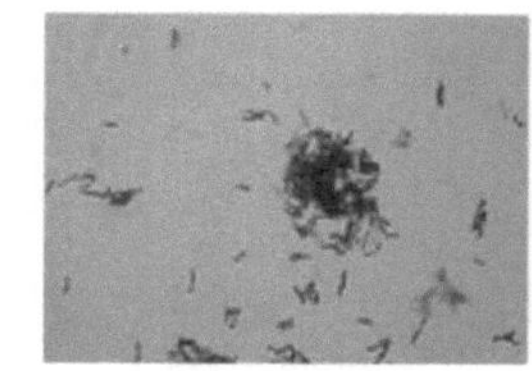

M. kansasii

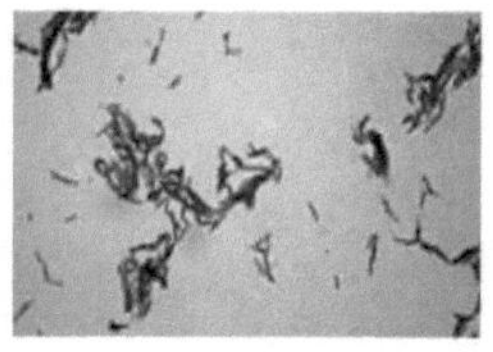

M. chelonae

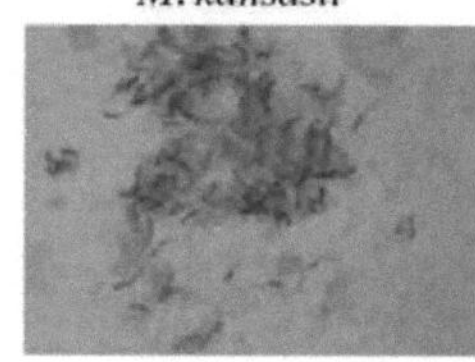

M. smegmatis

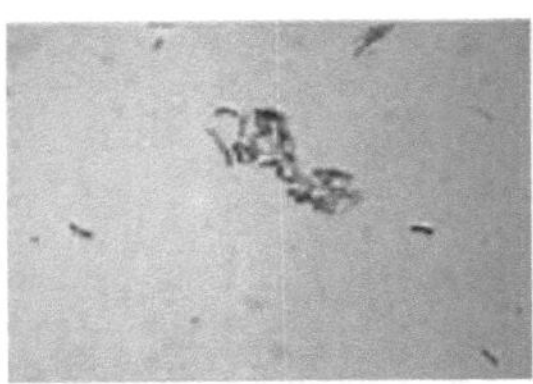

M. flavescens

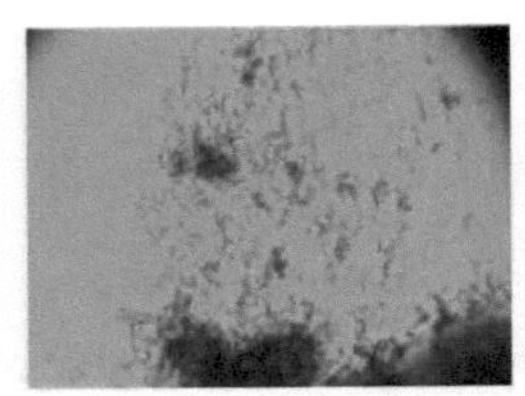

M. simiae

Figura 1: Caraterística microscópica das espécies de Mycobacterium na coloração ZN

Imagem 2: Colónias de NTM em meio LJ.

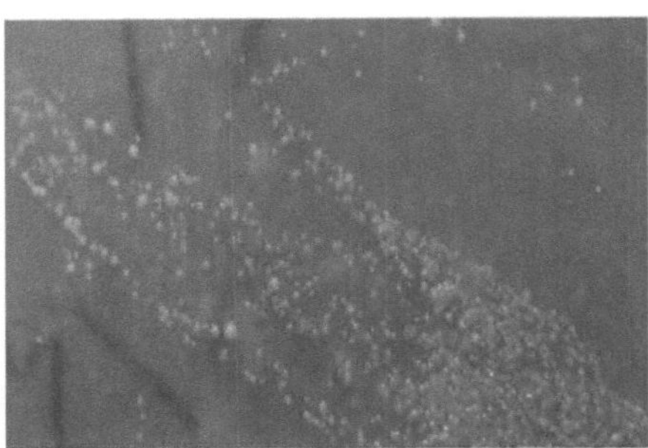

Imagem 3: Colónias de NTM no meio Middlebrook 7H10.

3.2. Identificação de espécies *de Mycobacterium*

3.2.1. Taxas de crescimento:

Dos trinta e nove isolados positivos para a coloração ácido-rápida, 32 (82%) eram micobactérias de crescimento lento, enquanto 7 (18%) eram micobactérias de crescimento rápido que foram cultivadas em meio LJ a 37 °C (Quadro 11).

Tabela 11: Número e percentagens de isolados de micobactérias de acordo com a taxa de crescimento.

Taxa de crescimento	Número e % de isolados
Menos de 7 dias	7 (18%)
Mais de 7 dias	32 (82%)
Número total de isolados	39

3.2.2. Produção de pigmentos:

De 32 isolados de micobactérias lentas, dois isolados eram escotocromogéneos, três eram fotocromogéneos e 27 isolados eram não-cromogéneos.

3.2.3. Identificação bioquímica:

3.2.3.1. Identificação de NTM

Os resultados mostraram que dezasseis isolados de NTM foram identificados como: 4 (10,25%) *M. avium* complex (MAC), 4 (10,25%) *M. chelonae*, 2 (5,13%) *M. flavescens*, 2 (5,13%) *M. simiae*, 2 (5,13%) *M. abscessus*, 1 (2,57%) *M.kansasii* e 1 (2,57%) *M. smegmatis* (Tabela 12, Fig. 2).

3.2.3.2. Identificação do MTB

Dos trinta e nove isolados, 23 (58,97%) pertencem ao MTB (Tabela 13).

Tabela 12: Identificação fisiológica e bioquímica de espécies de NTM.

Espécies NTM / Teste bioquímico	M. abscessus	Complexo *M. avium*	M. chelonae	M. flavescens	M. kansasii	M. simiae	M. smegmatis
Pigmentação	**N**	**N**	**N**	**S**	**P**	**P**	**N**
Crescimento em MacConkey	+	-	+	-	-	-	-
Crescimento em NaCl a 5%	+	+	+	+	-	-	+
Redução de nitratos	+	-	-	+	-	+	+

Absorção de ferro	-	-	-	-	-	-	-
Arylsulfatase	-	-	-	+	-	-	-
Catalase	-	+	+	+	+	+	-
Catalase (68C)	-	+	+	-	+	+	-
Hidrólise de Tween 80	-	-	+	+	-	-	+
Atividade da urease	+	+	+	+	+	+	-
Pirazinamidase	+	-	+	+	+	+	-
Redução da telurite	-	+	+	+	+	+	-
Niacina	-	-	-	-	-	+	-

N=Não-cromogéneos, P=Fotocromogéneos, S=Escotocromogéneos

Quadro 13: Identificação bioquímica do MTB.

Testes bioquímicos	Caraterísticas da colónia	Niacina	Redução de nitratos	Catalase	Catalase 68 ° C	Hidrólise de Tween	Crescimento em NaCl a 5%	Arylsulfatase	Pirazinamida	Urease	Redução da telurite
M. tuberculosis	Áspero	+	+	+	-	+	-	-	+/-	+	+

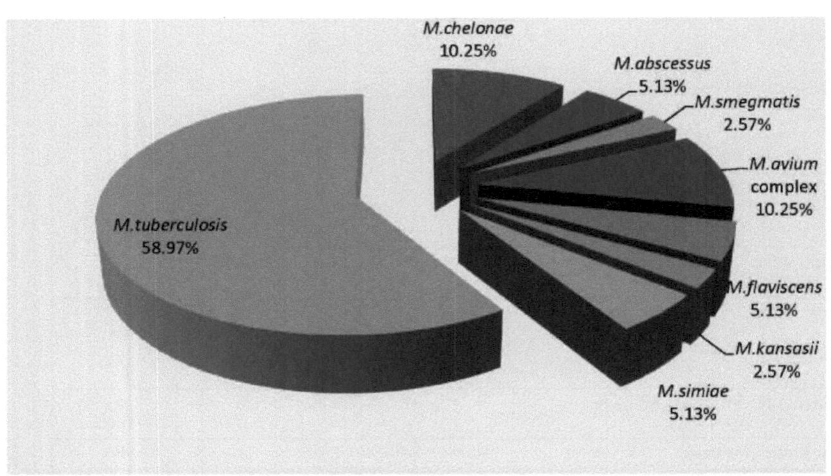

Esquema 2: Percentagens de espécies de micobactérias (n =39).

3.3. Frequência dos isolados *de Mycobacterium* de acordo com a idade e o sexo dos doentes:

3.3.1. Espécies NTM:

A Tabela (14) mostra que a frequência da MGR no sexo masculino (2 casos) foi inferior à do sexo feminino (5 casos), com uma diferença significativa, e representou 28,6% e 71,4%, respetivamente.

Tabela 14: Espécies de micobactérias de crescimento rápido (n=7) de acordo com a idade e o género dos doentes.

Número do doente	Idade	Género	Espécies de micobactérias
26	40	Masculino	*M. chelonae*
48	60	Feminino	*M. chelonae*
50	30	Masculino	*M. abscessus*
76	50	Feminino	*M. chelonae*
110	24	Feminino	*M. smegmatis*
111	53	Feminino	*M. abscessus*
114	25	Feminino	*M. chelonae*

=54,5, Pv= 0,005

Por outro lado, a tabela (15) mostra que a frequência de SGM no sexo masculino (6 casos) foi significativamente superior à do sexo feminino (3 casos), o que representou 66,7% e 33,3%, respetivamente.

Tabela 15: Espécies de micobactérias de crescimento lento (n=9) de acordo com a idade e o género dos doentes.

Número do doente	Idade	Género	Espécies de micobactérias
8	48	Masculino	*M. flavescens* (escotocromogéneo)
16	50	Feminino	*M. simiae* (fotocromogéneo)
40	55	Feminino	MAC (não cromogénico)
56	55	Masculino	*M. flavescens* (escotocromogéneo)
77	31	Masculino	*M. simiae* (fotocromogéneo)

82	50	Masculino	MAC (não cromogénico)
109	32	Masculino	*M. kansasii* (fotocromogéneo)
112	40	Feminino	MAC (não cromogénico)
141	40	Masculino	MAC (não cromogénico)

$\chi 2$ =35,83, PV= 0,005

3.3.2. BTT:

A tabela (16) mostra que a frequência de MTB nos homens (14 casos) foi mais significativa do que nas mulheres (9 casos), o que representou 60,9 % e 39,1 %, respetivamente.

Tabela 16: Isolados de MTB (n=23) de acordo com a idade e o género dos doentes.

Número do doente	Idade	Género	Espécies de micobactérias
2	60	Masculino	BTT
5	50	Masculino	BTT
12	32	Feminino	BTT
14	32	Masculino	BTT
15	70	Feminino	BTT
17	28	Feminino	BTT
19	45	Masculino	BTT
23	60	Feminino	BTT
25	25	Masculino	BTT
32	38	Masculino	BTT
38	60	Feminino	BTT
43	30	Masculino	BTT
65	38	Masculino	BTT
87	40	Feminino	BTT
113	57	Masculino	BTT
115	60	Feminino	BTT
116	38	Masculino	BTT

117	70	Feminino	BTT
129	70	Masculino	BTT
137	72	Feminino	BTT
140	36	Masculino	BTT
142	44	Masculino	BTT
147	44	Masculino	BTT

$\chi 2$ =7,70, PV= 0,01

O maior aparecimento de *Mycobacterium* spp. registou-se no grupo etário (30-60 anos) com uma diferença significativa (Tabela 17).

Tabela 17: Número de isolados de micobactérias de acordo com os grupos etários (n=39).

Grupo etário	Isolados Não	Percentagem
Menos de 30 anos	4	10.2 %
30-60 anos	28	71.8 %
Mais de 60 anos	7	17.9 %

χ^2 =61.63, PV= 0.001

3.4. Identificação genética

3.4.1. Amplificação de ADN e PCR duplex

Vinte dos 39 isolados foram identificados pelo método baseado em D-PCR para diferenciação entre MTB e NTM com base na amplificação das sequências do gene *rpoB*. Os resultados revelaram dois grupos de bandas, bandas de 235 pb para MTB e bandas de 136 pb para NTM (Fig. 4).

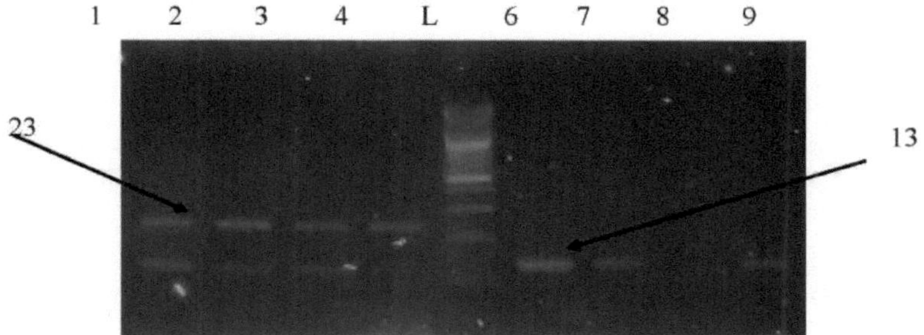

Figura 4: Eletroforese em gel de agarose (2 %) dos resultados do ensaio D-PCR realizado com isolados de culturas de MTB e NTM. Foram amplificados dois amplicões de tamanhos diferentes (235 e 136 pb) do gene rpoB de estirpes de MTB (pistas 1 a 4) e NTM (pistas 6 a 9) através de uma única D-PCR.

3.4.2. Amplificação do *rDNA 16S* universal

Os ADN extraídos de 20 isolados foram submetidos a PCR para amplificar o gene universal *16S rDNA*. Os produtos da PCR para os iniciadores universais do rDNA 16S apresentaram bandas no gel de agarose na posição 1500 pb quando comparados com a escada de ADN molecular padrão (Fig. 5).

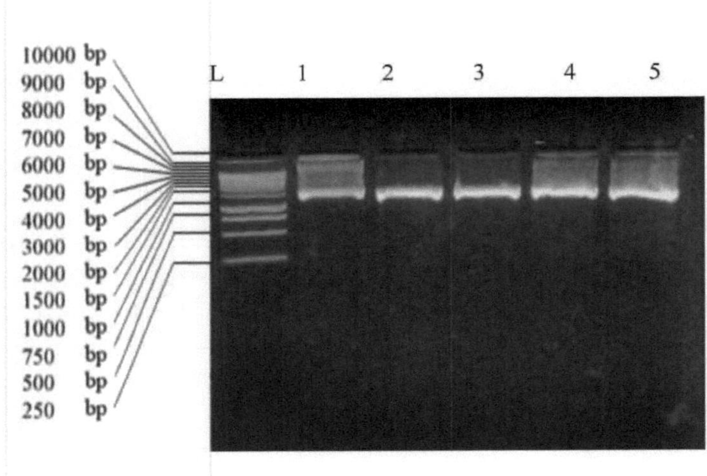

Figura 5: Eletroforese em gel de agarose (2 %) de produtos de PCR 16S rDNA universais para isolados de micobactérias sob bandas de transiluminação UV. Faixa (L): escada de ADN de 1Kb (250 bp- 10000bp). Faixas 1 a 5 de bandas de 16S rDNA (1500 pb) para isolados bacterianos.

3.4.3. Sequenciação do gene universal *16S rDNA*

Vinte dos 39 isolados foram identificados através da sequenciação *do rDNA 16S*. A Tabela (18) mostra os resultados dos 20 alinhamentos das sequências do gene *16S rDNA*, 15 espécies de micobactérias foram comparadas com os resultados bioquímicos, como se segue: *M. tuberculosis* (n=8*), M. avium* (n=3) *M. simiae* (n=2), *M. flavescense* (n=1), *M. abscessus* (n=1). Enquanto duas amostras não coincidem, como se segue: *M. chitae*, *M. gilvum* em comparação com os resultados bioquímicos que foram, *M. chelonae*, *M. flavecense*, respetivamente. Enquanto três amostras falharam.

Tabela 18: Espécies *de Mycobacterium* identificadas por sequenciação do rDNA 16S universal e comparação com resultados bioquímicos.

Isolar s NO	Espécies de micobactérias	Sequência de nucleótidos	Idêntico à tensão	Comprimento (bp)	Resultados bioquímicos
141	*Complexo M.avium*	AGGGCAGGCGGCGGCTACCATGCA GTCGAGCGGAAGGTCTCTTCGGAGATACTC GAGTGGCGAACGGGTGAGTAACACGTGGG TGATCTGCCCTGCACTTCGGGATAAGCCTG GGAAACTGGGTCTAATACCGGATAGGACC ACGGGATGCATGTCTTGTGGTGGAAAGCG CTTTAGCGGTGTGGGATGAGCCCGCGGCCT ATCAGCTTGTTGGTGGGGTGACGGCCTACC AAGGCGACGACGGGTAGCCGGCCTGAGAGAG GGTGTCCGGCCACACTGGGACTGAGATAC GGCCCAGACTCCTACGGGAGGCAGCAGTG GGGAATATTGCACAATGGGCGCAAGCCTG ATGCAGCGACGCCGCGTGGGGGGATGACGG CCTTCGGGTTGTAAACCTTTCACCATCG ACGAAGGTCCGGGTTCTCTCGGATTGACGG TAGGTGGAGAAGAAGCACCGGCCAACTAC GTGCCAGCAGCCGCGGTAATACGTAGGGT GCGAGCGTTGTCCGGAATTACTGGGCGTA AAGAGCTCGTAGGTGGTTTGTCGCGTTGTTTT CGTGAAATCTCACGGCTTAACTGTGAGCGT GCGGGCGATACGGGCAGACTAGAGTACTG CAGGGGAGACTGGAATTCCTGGTGTAGCG GTGGAATGCGCAGATATCAGGAGGAACAC CGGTGGCGAAGGCGGGTCTCTGGGCAGTA ACTGACGCTGAGGAGCGAAAGCGTGGGGA GCGAACAGGATTAGATACCCTGGTAGTCC ACGCCGTAAACGGTGGGTACTAGGTGTGG GTTTCCTTCCTTGGGATCCGTGCCGTAGCT AACGCATTAAGTACCCCGCCTGGGGGAGTA CGGCCGCAAGGCTAAAACTCAAAGGAATT GACGGGCCCGCACAAGCGGCGGGGAGCAT GTGATTAATTCGATGCAACGCGAGACCTTA CCTGGGTTTGACATGCACAGGACGCGTCTA GAGATAGCGTTCCCTTGTGTGTGTGTGTGTGCAG TGTGCATGCTGTCGTCAGCTCGTGTGTCGTGA GATGTTGTTAGTCCGCAACGAGCGCAAC	Estirpe GTC 1695 98%	124	***Complexo Mavium***

		CCTTGTTCTCATGTGCAGCACGTATGTTGG GGACTCGTGAAGAAATCTGCAGGGTTCAC TCGAGGAGTGGGATAGACGACCAATCTCT GCCCGTTTGCTACGGCTTCCCACTGCTCAA TGTCGCAAGGGTGCGAATGCGCCAGTTAT ACATGAGACTCTAAATGACGGTGTCAT			
140	BTT	CTCCCGAGGGTTAGGCCACTGGCT TCGGGTGTTACCGACTTTCATGACGTGACG GGCGGTGTGTACAAGGCCCGGGAACGTAT TCACCGCAGCGTTGCTGATCTGCGATTACT AGCGACTCCGACTTCACGGTCGAGTTGC AGACCCCGATCCGAACTGAGACCGGCTTTT AAGGATTCGCTTAACCTCGCGGCATCGCAG CCCTTTGTACCGGCCATTGTAGCATGTGTG AAGCCCTGGACATAAGGGGCATGATGACT	58MT 98%	552	**BTT**
		TGACGTCATCCCCACCTTCCTCCGAGTTGA CCCCGGCAGTCTCTCACGAGTCCCCACCAT TACGTGCTGGCAACATGAGACAAGGGTTG CGCTCGTTGCGGGACTTAACCCAACATCTC ACGACGAGCTGACGACGACAGCCATGCACC ACCTGCACACAGGCCACAAGGGAACGCCT ATCTCTAGACGCGTCCTGTGCATGTCAAAC CCAGGTAAGGTTCTTCGCGTTGCATCGAAT TAATCCACATGCTCCGCCGCTTGTGCGGGC CCCCGTCAATTCCTTTGAGTTTTAGCCTTGC GGCCGTACTCCCCAGGGGTACTTAATG CGTTAGCTACGGCACGGATCCCAAGGAAG GAAACCCACACCACCTAGTACCCACCGTTTACG GCGTGGACTACCAGGGTATCTAATCCTGTT CGCTCCACGCTTTCGCTCCTCCTCAGCGTCA GTTACTGCCCAGAGACCCGCCTTCGCCACC GGTGTTCCTCCTGATCTGCGCATTCCAC CGCTACACCAGGAATTCCAGTCTCCCCTGCCTGC AGTACTCTAGTCTGCCCGTATCGCCCGCAC GCTCACAGTTAAGCCGTGAGATTTCACGAA CAACGCGACAAACCACCTACGAGCTCTTTA CGCCCAGTAATTCCGGACGCTCGCACCC TACGTATTACCGCGGCTGCTGGCACGTAGT			

		TGGCCTGCTTCTTCTCTCCACCTACCGTCA ATCCGAGAGA			
5	BTT	CATTCATCGGGTCTACCATGCAGTC GAACGGAAAGGTCTCTTCGGAGATACTCG AGTGGCGAACGGGTGAGTAACACGTGGGT GATCTGCCCTGCACTTCGGGATAAGCCTGG GAAACTGGGTCTAATACCGGATAGGACCA CGGGATGCATGTCTTGTGGTGGAAAGCGCT TTAGCGGTGTGGGATGAGCCCGCGGCCTAT CAGCTTGTTGGTGGGGTGACGGCCTACCAA GGCGACGACGGGTAGCCGGCCTGAGGG TGTCCGGCCACACTGGGACTGAGATACGG CCCAGACTCCTACGGGAGGCAGCAGTGGG GAATATTGCACAATGGGCGCAAGCCTGAT GCAGCGACGCCGCGTGGGGGATGACGGCC TTCGGGTTGTAAACCTTTCACCATCGAC GAAGGTCCGGGTTCTCTCGGATTGACGGTA GGTGGAGAAGAAGCACCGGCCAACTACGT GCCAGCAGCCGCGGTAATACGTAGGGTGC GAGCGTTGTCCGGAATTACTGGGCGGTAAA GAGCTCGTAGGTGGTTTGTCGCGTTGTTCG TGAAATCTCACGGCTTAACTGTGAGCGTGGC GGGCGATACGGGCAGACTAGAGTACTGCA GGGGAGACTGGAATTCCTGGTGTAGCGGT GGAATGCGCAGATATCAGGAGGAACACCG GTGGCGAAGGCGGGTCTCTGGGCAGTAAC TGACGCTGAGGAGCGAAAGCGTGGGGAGC GAACAGGATTAGATACCCTGGTAGTCCAC GCCGTAAACGGTGGGTACTAGTGTGGGTTT CCTTCCTTGGGATGCGTGCCGTAGCTACCG CAGTTAAGTACCCCCGCCTGGGGGAGTAC GGCCGCCAGGCCTAATCTCAACGGAATT GATCGGGCGGCCCGCCCCAGCGACCGCAC ATGTAGATTATTTCGATGCATCGCTACGAG CCATTACCTGCATCTGACATGCTCACGGCG CGGTCTAGGAGATAGCGTTGCCTTGTCTCT GCTCAGTAGTGCATGCTGACGCCCTCATCC TGGATGTGGATAGTACTAACAGGACCATG	18b 98%	155	**BTT**

		CCCACCTGCTAACGTCTGAGG			
112	*M. avium*	GATAGCCTGCGGCGTCTTACCATG CAAGTCGAACGGAAAGGTCTCTTCGGAGA CACTCGAGTGGCGAACGGGTGAGTAACAC GTGGGCAATCTGCCCTGCACACCGGGATA AGCCTGGGAAACTGGGTCTAATACCGGAT AGGACCACTTGGCGCATGCCTTGTGGTGGA AAGCTTTTGCGGTGTGGGATGGGCCCGG GCCTATCAGCTTGTTGGTGGTGGTGGACGGCC TACCAAGGCGACGACGGGTAGCCGGCCTG AGAGGGTGTCCGGCCACACTGGGACTGAGGAG ATACGGCCCAGACTCCTACGGGAGGCAGC AGTGGGGAATATTGCACAATGGGCGCAAG CCTGATGCAGCGACGCCGCGTGGGGGGATG ACGGCCTTCGGGTTGTAAACCTCTTTCACC ATCGACGAAGGTCCGGGTTCTCTCGGATTG ACGGTAGGTGGAGAAGCACCGGCCAA CTACGTGCCAGCAGCCGCGGTAATACGTA GGGTGCGAGCGTTGTCCGGAATTACTGGG CGTAAAGAGCTCGTAGGTGGTGTCGCGT TGTTCGTGACATCTCACGGCTTTACTGTGA GCGTGCGGGCGATACTGCCCCACGAGAGT ACTGTAAGGGTGACTGTAATTCCCGGTGTC CCGGGGGGAAAACCCCCATTATAATACGC ACTGTTGGGGTGAGCACTACCAGGGTAT AAAATCTTGCTCGCTCCACACGTTATTCGC TCAGAGCGACAGATTTGTGCACAGAGACG CGTTCTTCGCCACGGGTGCTGCTGCCTCGATGA TATCTGCGTTTTCCTCGGCTGAGCAGGGAA TTCCAGTCTCCCCTGTAGTACTACTCT GCCGGTATCGCCCGCACGCTCCTAGTTTAC TCGGGATATTTCGGGGATCCACGCCAACA AGCGACATACGAGTGTTTTACTGCCAAGTT ATTTCGGGAACATCTACCCGAGCTATGT AATAACGCGGGACTGGCTGGCTGGCAAGGTATT GGGGCTGTGTTGTCTCGACTTCAGTG AATGACAAGACATGACCGCTAGCTCTCTGTG CAGTGTGAATGATAGTTACATACGGAG	estirpe: GTC 1695 98%	955	***Complexo Mavium***

		GGACGCCACCTAGGCTCCGTTCGCAGATGT AGTGGCGGCATTGGTGAATCGGCGGGGGT TCCACTCGAGAGAGGGTGGAATATACACG TCTAGCCTATATCCACGGGCGACAATCTAT C			
56	*M. flavescense*	ATCCATTGCGTGCTACCATGCAGTC GAACGGAAGGTCTCTTCGGAGACACTCGA GTGGCGAACGGGTGAGTAACACGTGGGCA ATCTGCCCTGCACACCGGGATAAGCCTGG GAAACTGGGTCTAATACCGGATAGGACCA CTTGGCGCATGCCTTGTGGTGGAAAGCTTT TGCGGTGTGGGATGGGCCCGGCCTATC AGCTTGTTGGTGGTGGGGTGACGGCCTACCAA GGCGACGACGGGTAGCCGGCCTGAGGG TGTCCGGCCACACTGGGACTGAGATACGG CCCAGACTCCTACGGGAGGCAGCAGCAGTGGG GAATATTGCACAATGGGCGCAAGCCTGAT GCAGCGACGCCGCGTGGGGGGGATGACGGCC TTCGGGTTGTAAACCTCTTTCACCATCGAC GAAGGTCCGGGTTCTCTCGGATTGACGGTA	estirpe ATCC 23008 98%	- 46	***M. flavescense***
		GGTGGAGAAGAA			
2	BTT	AGGGCAGTGCGGCGTCTACCATGC AGTCGAACGGAAAGGTCTCTCTTCGGAGATA CTCGAGTGGCGAACGGGTGAGTAACACGT GGGTGATCTGCCCTGCACTTCGGGATAAGC CTGGGAAACTGGGTCTAATACCGGATAGG ACCACGGGATGCATGTCTTGTGGTGGAAA GCGCTTTAGCGGTGTGGGATGAGCCCGCG GCCTATCAGCTTGTTGGTGGGGTGACGGCC TACCAAGGCGACGACGGGTAGCCGGCCTG AGAGGGTGTCCGGCCACACTGGGACTGAG ATACGGCCCAGACTCCTACGGGAGGCAGC AGTGGGGAATATTGCACAATGGGCGCAAG CCTGATGCAGCGACGCCGCGTGGGGGGGATG ACGGCCTTCGGGTTGTAAACCTCTTTCACC ATCGACGAAGGTCCGGGTTCTCTCGGATTG ACGGTAGGTGGAGAAGCACCGGCCAA CTACGTGCCAGCAGCCGCGGTAATACGTA GGGTGCGAGCGTTGTCCGGAATTACTGGG	estirpe TB11-91 97%	521	**BTT**

		CGTAAAGCTCGTAGGTGGTGTGTCGGT TGTTCGTGAAATCTCACGGCTTAACTGTGA GCGTGCGGGCGATACGGCAGACTAGAGT ACTGCAGGGGAGAGACTGGAATTCCTGGTGT AGCGGTGGAATGCGCAGATATCAGGAGGA ACACCGGTGGCGAAGGCGGTCTCTGGGC AGTAACTGACGCTGAGGAGCGAAAGCGG GGGAGCGAACAGGATTAGATACCCTGGTA GTCCACGCCGTAAACGGTGGGTACTAGGT GTGGGTTTCCTTGGGATCCGTGCCGT AGCTAACGCATTAAGTACCCCGCCTGGGG AGTACGGGCGCAAGGCTAAACTCAAAGGA ATTGACGGGGCCCGCACAAGCGGCGGGGAG CATGTGGATTAATTCGATGCAACGCGAAG AACCTTACCTGGGTTTGACATGCACAGGAC GCGTCTAGAGATAGCGTTCCCTTGTGCCTG TGTGCAGTGTTGCATGCTGTCGTCAGCTCGG TGTCGTGAGATGTGGGTTAAGTTCCGCAAC GAGCGCACCCTTGTCTTCTCATGTTGCAGCAC TAATGGTGGGACTCCGGAGAGAACTGCCC GCGTCCACCTCGCAGCAAGGGGGGGATGG AGTGAAGTTAATCTCGCGCTATGTCCGGCT GTCCATCGCGTCACAATGGCGTTCAAGGTG TGCGTACCCGCGACGCTAAGTAAGCCTAA AGCGCTCTCATTCGACGCTTACTGCGTACT ATTCATACCAGCAGTAAAGTCAGTA			
77	*M. simiae*	GTCAATCGGGTGCTATACATGCAG TCGAGCGGATCGTATCCTTCGGGATACGAT TAGCGGCGAACGGGTGAGTAACACGTAGG CAACCTGCCTGTAAGACCGGGATAACCCA CGGAAACGTGAGCTAATACCGGATAATCG GGTTCTCCGCATGGAGAGACCGTGAAAGA TGCTCCGGCATCGTTTACAGATGGGCCTGC GGCGCATTAGCTAGTTGGCGGGGGTAACGG CCCACCAAGGCGACGATGCGTAGCCGACC TGAGGGTGATCGGCCACACTGGGACTG AGACGGCCCAGACTCCTACGGGAGGCA GCAGTAGGGAATCTTCGGCAATGGACGAA	estirpe AFP- 000175 99%	525	***M. simiae***

		AGTCTGACCGAGCAACGCCGCGTGAGTGA GGAAGGCCTTCGGGTCGTAAAGCTCTGTTG CCAGGGAAGAATGGCTGGGAGGGAATG CTCCCGGTTTGACGGTACCTGAGAAGAAA GCCCCGGCTAACTACGTGCCAGCAGCCGC GGTAATACGTAGGGCAAGCGTTGTCCG GAATTATTGGGCGTAAAGCGCGCGCAGGC GGTACTTTAAGTCTTGTGTTTAATCCCGGG GCTCAACCTCGGTGCGCATGGGAAACTGG AGTACTGGAGTGCAGGAGGAAAGTGGA ATTCCACGTGTAGCGGTGAAATGCGTAGA GATGTGGAGGAACACCAGTGGCGAAGGGG ACTTTCTGGCCTGTAACTGACGCTGAGGCG CGAAAGCGTGGGGAGCAAACAGGATTAGA TACCCTGGTAGTCCACGCCGTAAACGATGA GTGCTAGTGTCGGGGATTCGTTTTCCTCGG TGCCGAAGTTAACACAGTAAGCACTCCGC CTGGGGAGTACGCTCGCAGAGTGAACTCA AAGAAGTGACGGGGACCCGCACGAGCAGCAGT GGAGTATGTGGTTTATTCGTAGCACGCGGA GGAACCTTACCTAGTCTGACATGCGTCTGA CCGGTGTAGAGATACATTTTCTTTCTCTGC TACAGAGCAGACAGAGCGATGGCATGCTG CCGTCAGCTACTATCTGCGAGATAGAGTAT GAGTTACCAAGACACGAACGACCACTGCA CCCTTGGTCTGTTGTTGACTGCAGACGATGCTG TCAGATGCATACATTGCGCTGCGGCGGCAGC ACCAGGATGTCGGGGGG			
82	*M. avium*	TCGTGCATTGGCAGCTATAATGCA GTAGAGCGCTGAAGGAGGCTTGCTTCT CTGGATGAGTTGCGAACGGGTGGAGAAAAG CGTAGGTAACCTGCCTGGTAGCGGGGGGGAT AACTATTGGAAACAATAGCTAATACCGCA TAAGAGTAGATGTTGCATGACATTTACTTA AAAGGTGCAATTGCATCACTACCAGATGG ACCTGCGTTGTATTAGCTAGTTGGTGGAGGT AACGGCTCACCAAGGCAACGATACATAGC CGACCTGAGGGTGATCGGCCACACTGG	estirpe FMUNA M85 98%	05	***Complexo M. avium***

		GACTGAGACACGGCCCAGACTCCTACGGG AGGCAGCAGTAGGGAATCTCGGCAATGG ACGGAAGTCTGACCGAGCAACGCCGCGTG AGTGAAGAAGGTTTTCGGATCGTAAAGCT CTGTTGTAAGAGAAGAACGAGTGTGAGAGAG TGGAAAGTTCACACCGTGACGGTATCTTAC CAGAAAGGGACGGCTAACTACGTGCCAGC AGCCGCGGTAATACGTAGGTCCCGAGCGT TGTCCGGATTTATTGGGCGTAAAGCGAGCG CAGGCGGTTAGATAAGTCTGAAGTTAAAG GCTGTGGCTTAAACCATAGTACGCTTTGGA AAACTGTTTAACTTGAGTGCAAGAGGGGA GAGTGGAAATTCCCTGTGTAGCGGTGAAA ATGCGTAGATATGGAGGAACACCGGGG GCGAAAGCGGCTTCTGGCTTTGTAACTG ACGCTGAAGCTCGAAAGCGGGGGACCA A			
15	BTT	CAAAGAGGAGAAGGCAGCGGGTA TTTACGTCGGGACAGGCAACAAAGAGAGCTA ACCCCATAAGGGGAAAGGGACATGACCCT AGGGTATGTCCTTCCGCTATTCCGGTTC	s comboio 58MT 80%	- 73	**BTT**
		AAGATTTAGATGGCGGATGGACTTGAACT CGTGTCTAAGGAAGTGAAGCGTGTTGGTTA TGGCAATGCAGATATCGGTACCCAAGTCTA TAATTTTTGGCTGGTGGGTCCTTTAAAAT TACTCCTCAGCAAGGCACAGTTTGCTTA CAAGCTAGCTAATAAAACGCTTCCATTTAG CCCAAAAGTCCAAGATGGGTAGGAAATCC AGGCAGATCCTTCGCGCAAATAAAAGACG GAGGGACTAAAGAAATCTGGATGCCCC CTCCGAGGGTCATGTCTTTATCCCAAAAAT GAATGACTTTTGCTTGCTTGCCCTTCCATTTATAT ATTTCATTTAGATCCTGGTGGTCCCAAA AAAAAAAAAAAA			
50	*M. abscessus*	TAACCTGTCCCCTTAGGCTGCTGGC TCCAAAAGGTTACCCCACCGACTTCGGGTG TTACAAACTCTCGTGGTGTGACGGGGCGGTG TGTACAAGGCCCGGGAACGTATTCACCGC GGCATGCTGATCCGCATTACTAGCGGATTC	estirpe 1 81%	078	***M. abscessus***

		CAGCTTCATGTAGGCGAGTTGCAGCCTACA ATCCGAACTGAGAACGGTTTTATGAGATTA GCTCCACCTCGCGGTCTGCAGCTCTCTTTGT ACCGTCCATTGTAGCACGTGTGTAGCCCAG GTCATAAGGGGCATGATGATTTGACGTCAT CCCCACCTTCCTCCGGTTTGTCACCGGCAG TCACCTTAGAGTGCCCAACTAAATGATGGC AACTAAGATCAAGGGTTGCGCTCGTTGCG GGACTTAACCCAACATCTCACGACGACGAG CTGACGACAACCATGCACCACCTGTCACTC TGCTCCCGAAGGAGAAGCCCTATCTCTAGG GTTGTCAGGATGTCAAGACCTGGTAAG GTTCTTCGCGTTGCTTCGAATTAAACCACA TGCTCCACCGCTTGTGGCGGGCCCGTCAA TTCCTTTGAGTTTCAGCCTTGCGGCCGTAC TCCCCAGGCGGAGTGCTTAATGCGTTAACT TCAGCACTAAAGGGCGGAAACCCTCTAAC ACTTAGCACTCATCGTTTACGGCGTGGACT ACCAGGGTATCTAATCCTGTTTGCTGCTCCCCA CGCTTTCGCGCCTCAGTGTCAGTTACAGAC CAGAAAGTCGCCTTCGCCACTGGTGTTCCT CCATATCTCTACGCATTTCACCGCTACACA TGGAATTCCACTTTCCTCTTCTGCACTCAA GTCTCCCAGTTTCCAATGACCCTCCACGGT TGAGCCGTGGGCTTTCACATCAGACTTAAG AAACCACCTGCGCGCGCTTTACGCCCAATA ATTCCGGATAACGCTTGCCACCTACCTACGTATT ACCGCGGCTGCTGGCACGTAGTTAGCCGTG GCTTTCTGGTTAGGTACCGTCAAGGTGCAG CTTATTCAACTAGCACTTGTTCTTCCCTAAC AACAGAGTTTACGACCGAAAGCTTTCATCA CTCACGCGCGTGCTCGTAGACTTCGTCATG GCGAGATTCCTACTGCTGCCTCCGTAGAGT CTGGACGGGTCTCAGTCCAGTGTGGACGAT CACCCTCAGGTCGGCCTACGCATCGTGC CTGGTGAGCGTTACTTACACTTAGCTAA TGGCAACGCGGTCCATCATGAAGGTGAAG C			
25	BTT	CCGTTCCTCCCGAAAGGTTAGACT	estirpe	199	**BTT**

		AGCTACTTCTGGTGCAACCCACTCCCATGG TGTGACGGGCGGTGTGTGTACAAGGCCCGGG AACGTATTCACCGCGACATTCTGATTCGG	POLMtb cMDR.2 497		
		ATTACTAGCGATTCCGACTTCACGCAGTCG AGTTGCAGACTGCGATCCGGACTACGATC GGTTGTGAGATTAGCTCCACCTCGCGGC TTGGCAACCCTGCTGTACCGACCATTGTAGC ACGTGTGTAGCCCAGGCCGTAAGGGCCAT GATGACTTGACGTCATCCCCACCTTCCTCC GGTTTGTCACCGGCAGTCTCCTTAGAGTGC CCACCATAACGTGCTGGTAACTAAGGACA AGGGTTGCGCTCGTTACGGGACTTAACCCA ACATCTCACGACACGAGCTGACGACAGCC ATGCAGCACCTGTGTCAGAGTTCCCGAAG GCACCAATCCATCTCTGGAAAGTTCTCTGC ATGTCAAGGCCTGGTAAGGTTCTTCGCGTT GCTTCGAATTAAACCACATGCTCCACCGCT TGTGCGGGCCCCCGTCAATTCATTTGAGTT TTAACCTTGCGGCCGTACTCCCCAGGCGGT CAACTTAATGCGTTAGCTGCGCCACTAAAA TCTCAAGGATTCCAACGGCTAGTTGACATC GTTTACGGCGTGGACTACCAGGGTATCTAA TCCTGTTTGCTCCCCACGCTTTCGCACCTCA GTGTCAGTATCAGTCCAGGTGGTCGCCTTC GCCACTGGTGTTCCTTCCTATATCTACGCA TTTCACCGCTACACAGGAAATTCCACCACC CTCTACCGTACTCTAGCTTGCCAGTTTTGG ATGCAGTTCCCAGGTTGAGCCCGGGGGCTTT CACATCCAACTTAACAAACCACCTACGCGC GCTTTACGCCCAGTAATTCCGATTAACGCT TGCACCCTTATTACCGCGGCTGCTGCTGGC ACAGAGTTAGCCGTGCTTATTCTGTCGGTA ACGTCAAACACTAACGTATTAGGTATGCCT CTTCCTCCCAACTTAAAGTGCTTTACATCC GAAGATCTTCTTCACCCACGCGGGCATGGC TGGATCAGCCTTCGCCCATGTCCATATTCC CCACTGCCTGCCTCCCGTAGAAGTCTGGAA CCGGTGTCCTCCTCAGTTCCAGGTGTGACTGAA	98%		

		TCCATCCCTCCTCAGAACCAGTTACGAATC GCTCGCCTTGAGTTGATCCATTACCCTCAC CACTAGCTATCGAACTAGCTCATCTGAATA GGCAAAGACCCGAAGGTCCGTTCCGCCGAT CTCTG			
16	*M. simiae*	GGGGGGGTTAATGGCTAACCTACA CCGACTTCGTGGTGTTACAAACTCTCGTGC CCCTGACGGGCGGTGTGTACAAGGCCCGG GAACGTATTCACCGCGGCATGCTGATCCGC GATTACTAGCGATTCCAGCTTCACGCAATC GAGTTGCAGACTGCGATCCGAACTGAGAA CAGATTTGTGGGATTGGCTTAACCTCGGG TTTCGCTGCCCTTTGTTCTGTCCATTGTAGC ACGTGTGTAGCCCAGGTCATAAGGGGCAT GATGATTTGACGTCATCCCCACCTTCCTCC GGTTTGTCACCGGCAGTCACCTTAGAGTGC CCAACTGAATGCTGGCAACTAAGATCAAG GGTTGCGCTCGTTGCGGGACTTAACCCAAC ATCTCACGACACGAGCTGACGACGACAACCAT GCACCACCTGTCACTCTGCCCGAAGGGG ACGTCCTATCTCTAGGATTGTCAGAGGATG TCAAGACCTGGTAAGGTTCTTCGCGTTGCT TCGAATTAAACCACACATGCTCCACCGCTTGT GCGGGCCCGTCAATTCCTTTGAGTTTCA GTCTTGCGACCGTACTCCAGGCGGAGTG CTTAATGCGTTAGCTGCAGCACTAAGGGGC	estirpe AFP-000175 84%	089	***M. simiae***
		GGAAACCCCCTAACACTTATCACTCATCGT TTACGGCGTGGACTACCAGGGTATCTAATC CTGTTCGCTCCCCACGCTTTCTCCTCCTCAGC GTCAGTTACAGACCAGAGAGTCCCCTTCGC CACTGGTGTTTCCTCCACATCTCTCTACGCAT TTCACCGCTACACGTGGAATTCCACTCTCC TCTCTGCACTCAGTTCCCCCAGTTTCCAAT GACCCATCCCTGGTTGAGCCGGGCGCTTTC ACATCTGACTTAAGAAACCGCCTGCGAGC CCTTCACGCTCTATAATTCTGGACAACGTC TGCCACCAACGTTATACCCGCGGCTGCTGG CACGCAAATAGTCGTGGCCATCTGGTTAGG			

		TACTGCCAAGGTACCGCCCTTATTTGCACG GTCATGGTCCTTCCTATACACAGAGCTTTT ATAATCGAAAACCTTCATCCTGCGGCGGGC GTTGCGTCGTATCTTCCTCATTTGTGAA AATTCCCTACATGCGCTCCTCTCTTAGAACC TGGGCTCGTCTCCGTCTCCTGTGTG			
43	BTT	AAACCCGACACGTTGGCGGCTGGC TCCTAAAGGTTACCTCACCGACTTCGGGTG TTACAAACTCTCGTGGTGTGGACGGGCGGTG TGTACAAGGCCCGGGAACGTATTCACCGC GGCATGCTGATCCGCATTACTAGCGGATTC CAGCTTCACGCAGTCGAGTTGCAGACTGCG ATCCGAACTGAGAACAGATTTGTGGGATT GGCTTAACCTCGCGGTTTCGCTGCCCTTTG TTCTGCCATTGTAGCACGTGTGTAGCCCA GGTCATAAGGGGCATGATGATTTGACGTC ATCCCCACCTTCCTCCGGTTTGTCACCGGC AGTCACCTTAGAGTGCCCAACTGAATGCTG GCAACTAAGATCAAGGGTTGCGCTCGTTGC GGGACTTAACCCAACATCTCACGACGA GCTGACGACAACCATGCACCACCTGTCACT CTGCCCGAAGGGGACGTCCTATCTCTAG GATTGTCAGGATGTCAAGACCTGGTAA GGTTCTTCGCGTTGCTTCGAATTAAACCAC ATGCTCCACCGCTTGTGGCGGGCCCCCGTCA ATTCCTTTGAGTTTCAGTGCGACCGTA CTCCCCAGGCGGAGTGCTTAATGCGTTAGC TGCAGCACTAAGGGGCGGAAACCCCCTAA CACTTAGCACTCATCGTTTACGGCGTGGAC TACCAGGGTATCTAATCCTGTTCGCTCCCC ACGCTTTCGCTCCTCCTCAGCGTCAGTTACAGA CCAGAGAGTCGCCTTCGCCACTGGTGTTCC TCCACATCTACGCATTTCACCGCTACAC GTGGAATTCCACTCTCCTCTTCTGCACTCA AGTTCCAGTTTCCAATGACCCTCCCCGG TTGAGGGGCTTTCACATCAGACTTAA GAAACCGCCTGCGAGCCCTTTACGCCCAAT AATTTCCGGACAACGCTTGCCACCTACCTACGTA	estirpe AFP- 00072 84%	179	**BTT**

		TTACCGCGGCTGCTGGCACGTAGTTAGCCG TGCTTTCTGGTTAGGTACCGTCAAGGTACC GCCCTATTCGAACGGTACTTGTTCTTCCCT AACAACAGAGCTTTACGATCCGAAAACCT TCATCACTCCCGCGGCGTGCCTCCTCGTTAGAC TTTCGTCAATTGCCGATGATTCCTACTGCT GCCCTCCGTAGAGTCTGGGACAGGTCTCAG TTCCAGTGTGGACGATCACCCCTCTCAGTT CGGCCTACGCATCGTTGCTTGTGAAGCGAT ACTTCACAACTAGCTATGGCCGCGCGGATT CCATCTGTTAGAGAGTGTGACTAGAGCA			
65	BTT	CGTTTTAGACGGCTGGCTCCTTAAA GTTACCCACCGACTTCGGGCGTTCCGACTT TCGTGGCGTGTGACGGGCGGTGTGTGTACAAGG CCCGGGAACGTATTCACCGCAGTATGCTGA TCCGCGATTACTAGCGATTCCGACTTCATG TAGGCGAGTTGGCAGCCTACAATCCGAACT GAGAAAGGGTTTCACAGATTTGCTCGGCCT CCCGGGCTTGCTACCCTCTATTACCTCCCA TGGTAGAACGGGGGTACCCCGGGCCATAA GGGGAATGATAATTTGCCTCCTCCCCACCT TCCTGGGTTTGTGTACCGGCAGTCCCCTTA TAATGCCCCACTAAATGATGGGAACTAAA AATGAGGGGTGTGGTCCTTGTGGGACTTAA CCCCACATCTCCAGACAAGAACTGACAAC AACCATGCACCCACTGTGGTTTCTTTCCCG AAAGAAATAAGATCTTCTAAAGGTCTTAA GGAAGTGAAGAAACGGGGAGGGTCTTCTC GGTGCATCCAAAAAAACACATGGTCCAAC GCTTGTGGGGGGCCCCCAATCCTTTGAG TTTTTAACTTGCTGGGGCGTACTCCCCGGG GGGGGTTTATTCTGTAGCTGCCGCACTA AACACGGGAAAAAGGCCCCACCCCTAACA ATTCTCCTTTTTTGGGGGGAAAAACCAG GGGAGTTAATTCGTGCTTGCTCCCCCCCTG TTTTTTAGCCCCCACCGCAGATAACCA AAAAAACGCTTTCCTCCCCCGGGGGGGGGTTCTC TTTTTTTTTTTTTCCCATTTTTCCCCCCCCACAT	estirpe POLMtb cMDR.2 497 84%	176	**BTT**

		GGAAATTTTCCTCTTCTCTTTCTTCAATTAA GTTTTAAAGGGTTTTAAAATCGCCATTATG GGGGAAACCACGCCCTTTTTTTTTTAAAAC TTATTGAAACCGCCCTGCCGCCCGCTTTTC TCCCCATAAAATCGGAACGACGCTCGGGA CCTACCTTTTTTACCACCGGCGGGTGGGGGG GATAACCGGGGGTTTTTGTTAAAAAAC CGCCACATTTCATCTTACTATTTCCAAA ATTGGTTCTTTTCTTCCCAAATAAACTTTTTTT TATCAAAAAACTTCTTTACATCAGCAGCGG TGGTTGTCAAAATTTCTTTTCTTTGTTGA AAAATTAAATGGGTGCTCCCCTAAGAA AAGCAGGACGGTTACACTCACCAGGGAGG GAGGCGAATCCTCTCTTCTACGGCGGAGACA GTGGTATTCTGCCTCGCTCTCTTCGGGTAGA GGGGGTGTTATTATTCACATTTCTAACTATATA TACATACGGCAAAGGACTCTCCTCTGTGTA TCATGCGTGAAGGGAGAGAAATGCGTCAT CTCCTATTAC			
12	BTT	ATCGTCCACTTGGAGGCTGGCTCCT TTTAGGTTACCCCACCGGCTTCGGGTGTTT CCAACTTTCGTGGTGTGACGGGCGGTGTGT ACAAGGCCCGGGAACGTATTCACCGCAGC ATGCTGATCTGCGATTACTAGCGATTCCGA CTTCACGCAGGCGAGTTGCAGCCTGCGATC CGAACTGAGAGCTTGTTTTTGGGGTTCGCT CCACCTCGCGGTCTTGCTTCCCTCTCTATTAA AGCCCATTGTAGTACGTGTGTAGCCCAGGA CATAAGGGGCATGATGACTTGACGTCATCC CCGCCTTCCTCCGCATTGTCTGCGGCAGTC TCCCATGAGTTCCCGACTTTACTCGCTGGC AACATAGGATAAGGGTTGCGCTCGCTCGTTGCG GGACTTAACCCAACATCTCACGACGAG	estirpe 58MT 84%	131	**MT** **B**
		CTGACGACAGCCATGCACCACCTGTTTTTG TGTCTCCCGAAGGAGGCTCTAATCTCTT AGACTTTCACTCAATGTCAAGTCCTGGTAA GGTTTCGCGTTGGCGTCGAATTAAACCAC ATACTCCACCGCTTGTGCGGGCCCGGTCA			

		ATTCCTTTGAGTTTCAACCTTGCGGGGGGGTA CTCCAGGCGGTACTTATTGCGTTAAC TCCGGCACAGAAGGGGTCGATACCCTCTA CACCTAGTACCCATCGTTTACGGCCAGGAT TACCGGGGTATCTAATCCCGTTCACTTCCC TGGCTTTCGCGCCTCAGCGTCAGACACCGT CCAGAAAGTCGCCTTCGCCACTGGTGTTCC TCCCAATATCTACGCATTTCACCGCTACAC TGGGAATTCCACTCCTCTCCGGTACTCA AGATAAACAGTTTCCATTCCATCACGGGGT TGAGCCGCACTTTTAAAACAGACTTATC TACCCGCCTACGCGCTCTTTACGCCCAATA ATTCCCGGACAACGCTCGCCACCTACCTACGTAT TACCGCGGCTGCTGGCACGTAGTTAGCCGT GGCTCCTTCTTCTTCTAGTACCGTCATATGAC TCATTATTATTCACAAAGTCACATTCGTCCT AGTGACAGAGCTTTACAATCCGAACC TTCTCACTCACGCGGCGTTGCTCCGTCAGA CTTTCGTTCATTGCGAGATTCCCACTGCTG CCTCCCGTAGAGTCTGGCGTTTCTCAGTCC CGGTGTGGCGATCATTCTCTCTACGACCGCCT AACGGATCGTCGCTGGTGAGCTTTACCT CACTACCTATCAGACGCGAAAACTCTATCT CTCAAAG			
26	*M. chitae*	TTGGCGTCCGCAGACTACCATGCA GTCGAGCGGTAGCAGCGAGAAGCTTGCTT TCTTGCTGACGAGCGGCGGACGGGGGTGAGT AATGTATGGGAATCTGCCCGATAGAGGGG GATAACTACTGGAAACGGTGGCTAATACC GCATGACGTCTAAAGACCAAAGAGGGGGC TCTTCGGGCCTTGCGCTATCGGATGAGCCC ATATGGGATTAGCTAGTAGGTGGGGGTAAT GGCTCACCTAGGCCACGATCTATGTGGT CTGAGGATGATCACCCACACTGGGACT GAGACACGGCCCAGACTCCTACGGGAGGC GGCAGTGGGGAATATTGCACAGTGGGCGC GAGCCAGATGCACCCATGCCGTGTGTGG AGAAGGTCTTAGGTTTGTAAAGTACTTTCA	16S rRNA 99%	96	***M. chelonae***

		GCGCAGAGGAGGGCGATAGTGTTATCCCT TTATCCATTGTCTTTCCCGCAGAAAACCAC CGGCTAACTCCGTGCCAGCAGCCGCGGTAT ACAGAGGGTGCAAGCGTTAATCAGAATTA CTGGGCGTAGCGCGCACGCGGGCGGTCTA TTAACTCATATGTGAAATCCCCCGGAGCTTA ACGTGGG			
8	*M. gilvum*	CCCGATCCCCTACGAAGCTCCTCCC GAGGGTTAGGCCACTGGCTTCGGGTGTTAC CGACTTTCATGACGTGACGGGCGGTGTGTGTA CAAGGCCCGGGAACGTATTCACCGCAGCG TTGCTGATCTGCGATTACTAGCGACTCCGA CTTCACGGTCGAGTTGCAGACCCCGATC CGAACTGAGACCGGCTTTTAAGGATTCGCT TAACCTCGCGGCATCGCAGCCCTTTGTACC GGCCATTGTAGCATGTGTGTGAAGCCCTGGAC ATAAGGGGCATGATGACTTGACGTCATCCC	estirpe CP13 94%	052	***M. flavesens***
		CACCTTCCTCCGAGTTGACCCCGGCAGTCT CTCACGAGTCCCCACCATTACGTGCTGGCA ACATGAGACAAGGGTTGCGCTCGTTGCGG GACTTAACCCAACATCTCACGACGAGCT GACGACAGCCATGCACCACCTGCACACAG GCCACAAGGGAACGCCTATCTCTAGACGC GTCCTGTGCATGTCAAACCCAGGTAAGGTT CTTCGCGTTGCATCGAATTAATCCACATGC TCCGCCGCTTGTGCGGGCCCGTCAATTC CTTTGAGTTTTAGCCTTGCGGCCGTACTCC CCAGGCGGTACTTAATGCGTTAGCTACG GCACGGATCCCAAGGAAGGAAACCCACAC CTAGTACCCACCGTTTACGGCGTGGACTAC CAGGGTATCTAATCCTGTTCGCTCCCCACG CTTTCGCTCCTCAGCGTCAGTTTTACTGCCCA GAGACCCGCCTTCGCCACCGGTGTTCCTCC TGATATCTGCGCATTCCACCGCTACACCAG GAATTCCAGTCTCCCCTGCAGTACTCTAGT CTGCCCGTATCGCCCGCACGCTCA CAGTTAAGCCGTGAGATTTCACGA ACAACGCGACAAACCACCTACGAGCTTT			

		ACGCCCAGTAATTCCGGACGCTCGCTCGACC CTACGTATTACCGCGGCTGCTGGCACGTAG TTGGGGTGCTTCTTCTCTCCACCTACCGTC AATCCGAGACCCGGACTTCGTCGATGG TGAAAGAGTTTACTACTCGAGCGTCATCCC CCCACGCGGCGTCGCTGCATCAGCTGCGCC CATGTGCAATATCCCACTGCTGCCTCCGTA GGAGTCTGAACGTATCTCAGTCAAGTGTGG ACGAACCCCTTCAAGCCGCTACGTCTCGCC TGTAGGCGTACCACACAGCTATGGCCGGC CTATCCAACGGTAGGCCTTCCC			
48	-	Falhado	-		***M. chelonae***
111	-	Falhado	-		***M. abscesso***
38	-	Falhado	-		**BTT**

A tabela (19) mostra as espécies de *Mycobacterium* identificadas por sequenciação do *rDNA 16S* universal em comparação com o ensaio de D-PCR e os resultados bioquímicos.

Tabela 19: Espécies de Mycobacterium identificadas por sequenciação do rDNA 16S universal em comparação com os resultados do ensaio D-PCR e os resultados bioquímicos.

Isolados N.º.	**Espécies bacterianas identificadas por sequenciação *do rDNA 16S***	**Resultados do ensaio D-PCR**	**Resultados bioquímicos**
141	MAC	-	MAC
140	BTT	BTT	BTT
5	BTT	BTT	BTT
112	*M. avium*	-	MAC
56	*M. flavescense*	NTM	*M. flavescense*
2	BTT	BTT	BTT
77	*M. simiae*	NTM	*M. simiae*
82	*M. avium*	NTM	MAC
15	BTT	BTT	BTT
50	*M. abscessus*	NTM	*M. abscessus*
25	BTT	BTT	BTT
16	*M. simiae*	NTM	*M. simiae*
43	BTT	BTT	BTT
65	BTT	BTT	BTT

12	BTT	BTT	BTT
26	*M. chitae*	NTM	*M. chelonae*
8	*M. gilvum*	NTM	*M. flavescense*
48	Falhado	NTM	*M. chelonae*
111	Falhado	NTM	*M. abscesssus*
38	Falhado	BTT	BTT

3.5. Identificação de bactérias gram positivas e gram negativas

Dos cento e cinquenta doentes com suspeita de tuberculose atendidos no ACCDR e que apresentavam infecções do trato respiratório inferior, trinta e sete amostras (24,6%) apresentavam bactérias associadas, das quais 13 (35,1%) eram *Pseudomonas* spp., 11 (29,7%) *Bacillus* spp., 5 (13,5%) *Vibrio* spp., 4 (10,8%) *Staphylococcus* spp. e 4 (10,8%) *Klebsiellaspp*. (Tabela 20 e 21).

Tabela 20: Caraterísticas bioquímicas das bactérias associadas isoladas de amostras de 37 pacientes com suspeita clínica de TB.

Géneros de bactérias	**Critérios de identificação**							
	Coloração de Gram	oxidase	catalase	formação de esporos	fermentação do manitol	oxidação da glucose fermentação	crescimento em ágar MacConkey	**crescimento em meio TCBS**
Bacilo	+	+	+	+	N/A	-	-	**N/A**
Staphylococcus	+	+	+	-	+	N/A	N/A	**N/A**
Pseudomonas		+	+	-	N/A	-	N/A	**N/A**
Vibrio		+	+	N/A	N/A	+	N/A	+
Klebsiella		—	+	N/A	N/A	N/A	Colónias cor-de-rosa	**N/A**

-(Sem crescimento), + (Crescimento), N/A (Não aplicável)

Tabela 21: Bactérias Gram positivas e Gram negativas de amostras de 37 pacientes com suspeita clínica de TB.

Bactérias spp.	N.º e % de isolados	Género		Idade gama
		M (21)	F (16)	
Bacillus spp.	11(29.7)	5	6	20-70

Staphylococcus spp.	4(10.8)	2	2	30-50
Pseudomonas spp.	13(35.1)	7	6	20-60
Vibrio spp.	5(13.5)	3	2	40-90
Klebsiella spp.	4(10.8)	4	-	30-40

χ2 =o.o92 ,PV= NS

3.6. Suscetibilidade a antibióticos

Trinta e nove isolados de micobactérias foram submetidos a um teste de suscetibilidade a antibióticos para detetar a sua resistência a cinco antibióticos, a saber RIF, INH, STR, EMB e PZA (Tabela 22 e 23).

Relativamente aos NTM, um isolado *de M. abscessus* era resistente a todos os medicamentos antimicrobianos (MDR). Por outro lado, um isolado de *M. chelonae* era resistente a RIF e EMB, enquanto um isolado de *M. smagmatis* e um de *M. simiae* eram resistentes a RIF e PZA.

No caso do MTB, um isolado de MTB era resistente a todos os medicamentos, exceto à RIF, outros isolados eram sensíveis a todos os medicamentos e apenas quatro isolados eram resistentes a um ou dois medicamentos.

Tabela 22: Suscetibilidade aos antibióticos dos isolados de NTM (n=16).

Número de isolamento	Espécies de micobactérias	RIF	INH	STR	EMB	PZA
76	*M. chelonae*	S	S	S	S	S
114	*M. chelonae*	S	S	S	R	S
48	*M. chelonae*	R	S	S	R	S
26	*M. chitae*	R	S	S	S	S
111	*M. abscessus*	S	S	S	S	S
50	*M. abscessus*	R	R	R	R	R
110	*M. smegmatis*	R	S	S	S	R
40	*MAC*	S	S	S	S	R
141	*MAC*	S	S	S	S	S
112	*MAC*	S	S	S	S	S
82	*MAC*	S	S	S	S	S
56	*M. flavescens*	S	S	S	S	S
8	*M. gilvum*	S	S	S	S	S

109	*M. kansasii*	S	S	S	S	S
77	*M. simiae*	R	S	S	S	R
16	*M. simiae*	S	S	S	S	S

S (suscetível) = ausência de crescimento em meio contendo antibiótico após 3 semanas.

R (resistente) = aparecimento de crescimento em meio contendo antibiótico após 3 semanas.

Tabela 23: Suscetibilidade aos antibióticos dos isolados de MTB (n=23).

Número de isolamento	Espécies de micobactérias	RIF	INH	STR	EMB	PZA
5	BTT	S	R	R	R	R
12	BTT	S	S	S	S	S
14	BTT	S	S	S	S	S
15	BTT	S	S	S	S	S
23	BTT	S	S	S	S	S
17	BTT	S	S	S	S	S
19	BTT	S	S	S	S	S
87	BTT	S	S	S	S	S
38	BTT	S	S	S	S	R
43	BTT	S	S	S	S	S
32	BTT	S	S	S	S	S
115	BTT	S	S	S	R	S
140	BTT	R	S	S	S	S
142	BTT	S	S	S	S	S
147	BTT	S	S	S	S	S
137	BTT	S	S	S	S	S
65	BTT	S	S	S	S	S
2	BTT	S	S	S	S	S
113	BTT	S	S	S	S	S
116	BTT	S	S	S	S	S
117	BTT	S	S	S	S	S
129	BTT	R	S	S	R	S
25	BTT	S	S	S	S	S

S (suscetível) = ausência de crescimento em meio contendo antibiótico após 3 semanas

R (resistente) = aparecimento de crescimento em meio contendo antibiótico após 3 semanas

A percentagem de resistência é apresentada nos quadros (24 e 25).

Tabela 24: Percentagem de resistência dos isolados de NTM a alguns antibióticos.

Número de isolamento	Espécies de micobactérias	Antibióticos	Percentagem de resistência
48	*M. chelonae*	RIF	95.7%
		EMB	4.2%
26	*M. chitae*	RIF	50%
114	*M. chelonae*	EMB	2%
50	*M. abscessus*	RIF	94%
		STR	24%
		EMB	4%
		INH	10%
		PZA	8%
110	*M. smegmatis*	RIF	100%
		PZA	14.2%
40	*MAC*	PZA	50%
77	*M. simiae*	RIF	100%
		PZA	100%

Tabela 25: Percentagem de resistência dos isolados de MTB a alguns antibióticos.

Número de isolamento	Espécies de micobactérias	Antibióticos	Percentagem de resistência
5	BTT	EMB	21%
		INH	68%
		STR	10%

		PZA	5%
38	BTT	PZA	10%
115	BTT	EMB	69.2%
129	BTT	RIF	42%
		EMB	4%
140	BTT	RIF	65%

3.7. Distribuição das espécies de micobactérias nos distritos de Basrah

A tabela (26) mostra a frequência de MTB nos distritos de Basrah, enquanto a tabela (27) mostra a frequência de NTM. Os resultados mostraram que o MTB tinha uma frequência significativa no bairro de Al-Hussain (6) do que em cada um dos bairros de Al-Garma, Al-Buradea, Al-Mishraq e Al-Alandulos (2 casos para cada) (Quadro 3-16). Foram encontrados casos de infeção com espécies NTM nos bairros de Al-Hussain, Al-Qibla, 5 milhas, Al-Zubair, Al-Abila, Shat-Alarab, Al-Mishraq, Al-Daer e Al-Zahraa, sem diferenças significativas (quadro 27).

Quadro 26: Distribuição de MTB nos distritos de Basrah.

O distrito	N.º de isolados
Al-Hussain Q	6
Al- Garma Q	2
AL-Buradea Q	2
Al-Andalos Q	2
Al-Asmaee Q	1
Al-Qibla Q	1
Al-Maaqal Q	1
Al-Basra Q	1
Al-ZubairD	1
Al-Mishraq Q	1
Al-Daer Q	1
Al-Zaitoon Q	1

Al-QurnaD	1
Um-Qasr Q	1
Al-Muhandseen Q	1

$\chi 2$ =67,26, PV= 0,001

Tabela 27: Distribuição das NTM nos distritos de Basrah.

O distrito	Espécies NTM	N.º de isolados
Al-Hussain Q	*MAC*	1
	M. simiae	1
	M. chelonae	1
	M. abscessus	1
Al-Qibla Q	*MAC*	1
	M. smegmatis	1
Al-Daer Q	*MAC*	1
	M. kansasi	1
Al-Zubair Q	*M.chelonae*	1
	M. chitae	1
Al-Abila Q	*M. abscessus*	1
Shat-Alarab Q	*M. flavescens*	1
Al-Mishraq Q	*MAC*	1
5 milhas Q	*M. simiae*	1
Al-Muafaqia Q	*M. gilvum*	1
Al-Zahraa Q	*M. chelonae*	1

3.8. Tipos de casos

Cento e trinta e cinco doentes foram registados como novos casos atendidos no ACCDR, enquanto quinze doentes eram casos anteriores. Dos novos pacientes, 12 isolados foram identificados como MAC (4), *M. chelonae* (2), *M. abscessus* (2), *M. smegmatis* (1), *M. flavescens* (1) e *M. simiae* (1), *M.chitae* (1) (Tabela 28). Enquanto quinze isolados de MTB foram identificados em novos casos, oito isolados foram identificados em casos anteriores (tabela 29).

O quadro (28) mostra que a resistência elevada nos novos casos foi à RIF em comparação com outros antibióticos, mas, em geral, a resistência nos casos anteriores foi maior do que nos novos casos a todos os antibióticos.

Tabela 28: Espécies de MNT identificadas de acordo com os tipos de casos.

Isolar Não.	Sexo do doente	O distrito	Espécies NTM	Suscetibilidade aos medicamentos					Tipo de caso
				I IF	I NH	TR	1 MB	ZA	
76	Masculino	Al-Hussain Q	M. chelonae	S	S	S	S	S	Novo
114	Feminino	Al-Zahraa Q	M. chelonae	S	S	S	R	S	Anterior
48	Feminino	Al-Zubair Q	M. chelonae	R	S	S	R	S	Novo
26	Masculino	Al-Zubair Q	M. chitae	R	S	S	S	S	Novo
111	F eminino	Al-Hussain Q	M. abscessus	S	S	S	S	S	Novo
50	Masculino	Al-Abila Q	M. abscessus	R	R	R	R	R	Novo
110	Feminino	Al-Qibla Q	M. smegmatis	R	S	S	S	R	Novo
40	Feminino	Al-Daer Q	MAC	S	S	S	S	R	Novo
141	Masculino	Al-Qibla Q	MAC	S	S	S	S	S	Novo
112	Feminino	Al-Mishraq Q	MAC	S	S	S	S	S	Novo
82	Masculino	Al-Hussain Q	MAC	S	S	S	S	S	Novo
56	Masculino	Shat-Alarab Q	M.flavescens	S	S	S	S	S	Novo
8	Masculino	Al-Muafaqia Q	M. gilvum	S	S	S	S	S	Anterior
109	Masculino	Al-Daer Q	M. kansasi	S	S	S	S	S	Anterior
77	Masculino	Al-Hussain Q	M. simiae	R	S	S	S	R	Novo
16	Feminino	5 milhas Q	M. simiae	S	S	S	S	S	Anterior
N=16	Percentagem de resistência			31.25%	6.25%	6.25%	18.75%	25%	

Tabela 29: MTB identificados de acordo com os tipos de casos.

Número de isolamento	Sexo do doente	O distrito	Suscetibilidade aos medicamentos					Tipo de caso
			I IF	I NH	TR	E MB	ZA	
5	Masculino	Al-Hussain Q	S	R	R	R	R	Anterior
12	Feminino	Al-Asmaee Q	S	S	S	S	S	Anterior
14	Masculino	Al-Qibla Q	S	S	S	S	S	Anterior
15	Feminino	Al-Maaqal Q	S	S	S	S	S	Anterior

17	Feminino	Al-Basra Q	S	S	S	S	S	Novo
19	Masculino	Al- Garma Q	S	S	S	S	S	Novo
23	Feminino	AL-Buradea Q	S	S	S	S	S	Novo
32	Masculino	Al-Hussain Q	S	S	S	S	S	Novo
38	Feminino	Al- Garma Q	S	S	S	S	R	Novo
43	Masculino	Al-Muhandseen Q	S	S	S	S	S	Novo
87	Feminino	Al-Mishraq Q	S	S	S	S	S	Novo
115	Masculino	Al-Deer Q	S	S	S	R	S	Anterior
140	Masculino	Al-Zubair Q	R	S	S	S	S	Novo
142	Masculino	Um-Qasr Q	S	S	S	S	S	Novo
147	Masculino	Al-Daer Q	S	S	S	S	S	Novo
137	Feminino	Al-Qurna Q	S	S	S	S	S	Novo
65	Masculino	Al-Hussain Q	S	S	S	S	S	Novo
2	Masculino	Al-Andalos Q	S	S	S	S	S	Novo
113	Masculino	Al-Asmaee Q	S	S	S	S	S	Novo
116	Masculino	Al-Andalos Q	S	S	S	S	S	Anterior
117	Feminino	Al-Hussain Q	S	S	S	S	S	Anterior
129	Masculino	AL-Buradea Q	R	S	S	R	S	Novo
25	Masculino	Al-Hussain Q	S	S	S	S	S	Novo
N= 23	Percentagem de resistência		8.69%	4.34%	4.34%	13.04%	8.69%	

3.9. Tabagismo e doenças crónicas:

Os resultados mostraram que o MTB ocorre mais em doentes fumadores (três de cinco infecções), um doente infetado com *M. simiae* e um com *M. avium* (Tabela:30).

Tabela 30: Espécies de Mycobacterium com tabagismo e doenças crónicas.

Processo nº.	Espécies de micobactérias	Género	Doenças crónicas	Trabalho	Fumar
14	BTT	M	Bronquiectasia	Recetor	+
23	BTT	F	Doenças das articulações	Dona de casa	-
32	BTT	M	Tensão arterial	Recetor	+
38	BTT	F	Tensão arterial e diabetes	Dona de casa	-

77	*M. simiae*	M	-	Recetor	+
141	*M. avium*	M	-	Recetor	+
142	BTT	M	-	Recetor	+

4. Discussão

O presente estudo mostrou que 39 de 150 amostras de expetoração de doentes com suspeita de tuberculose eram ácido-rápido positivas e os bacilos apresentavam caraterísticas de bacilos *Mycobacterium*. 32 (82%) isolados eram micobactérias de crescimento lento, enquanto 7 (18%) isolados eram micobactérias de crescimento rápido (Quadro 11).

As caraterísticas microscópicas não revelaram qualquer diferença na forma e na cor dos bacilos de micobactérias ao ponto de poderem ser utilizadas como ferramenta de diagnóstico (Fig. 1). Foi registado que a diferenciação entre as espécies MTB e NTM não é possível apenas através da coloração AFB e dos métodos de cultura convencionais, sendo necessário combinar estes métodos com testes bioquímicos (Koh *et al.*, 2005).

A utilização de uma concentração elevada de peróxido de hidrogénio (30 %) no teste da catalase reflectiu a resistência da parede celular cerosa e espessa do género *Mycobacterium* contra o efeito tóxico do peróxido de hidrogénio, que também necessitou da adição de tween 80 para aumentar a permeabilidade da parede celular.

Os resultados mostraram que uma percentagem mais elevada de 56,25% dos isolados de NTM foram identificados como SGM e os restantes 43,75% eram RGM, a percentagem no Iraque semelhante a um Médio Oriente que mostrou que entre os 1.084 isolados de NTM de amostras clínicas, 58,7% eram SGM e 41,2% eram RGM (Velayati *et al.*, 2015).

Um total de 23 (15,3%) isolados foram identificados como MTB, 16 (10,5%) foram identificados como NTM utilizando testes bioquímicos. Os SGM, 32 (21,3%), incluíam 23 (15,3%) isolados como *M. tuberculosis*, 4 (2,6%) como *M. avium* complex, 2 (1,3%) como *M. flavescens*, 2 (1,3%) como *M. simiae* e 1 (0,6%) como *M. kansasii*. Enquanto que 7 (4,6%) isolados eram micobactérias de crescimento rápido, incluindo 4 (2,6%) como *M. chelonae*, 2 (1,3%) como *M. abscessus* e 1 (0,6%) como *M. smegmatis* (Tabela 14, 15, 16 e Pic 2).

Os isolados *de Mycobacterium tuberculosis* (23) representaram 15,3% de todas as amostras de expetoração recolhidas, das quais 16 eram novos casos, enquanto 7 eram casos anteriores. Conforme declarado pelo Ministério da Saúde do Iraque (2012), a taxa de infeção de TB no Iraque foi de 45/100.000, com 13.860 novos casos de TB e 1140 de casos previamente tratados. Segundo a OMS (2011), as mortes por tuberculose no Iraque atingiram 3.866, ou seja, 2,05%. A taxa de mortalidade ajustada à idade é de 23,13/ 100.000.

No presente estudo, o espetro de espécies NTM foi uma percentagem baixa (10,6%), em comparação com outros países, 24,4% no Brasil (Pedro *et al.*, 2008), (13,6%) na Arábia Saudita (Varghese *et al.*, 2013), e uma percentagem elevada em relação a outros, na Grécia 10% (Panagiotou *et al.*, 2014), nos

EUA foi de 8,2% (Adjemian *et al.*, 2012), 2,7% no Irão (Bostanabad *et al.*, 2012) e 1,58% na Turquia (Erturk *et al.*, 2012).

De acordo com o National Center for Biotechnology Information, estudos epidemiológicos mostraram que a presença de infeção por MNT está a aumentar nos países em desenvolvimento, talvez devido à implementação da água da torneira (Buijtels, 2007).

Os organismos do complexo *Mycobacterium avium* são as espécies de MNT frequentemente isoladas em laboratórios clínicos (Wallace *et al.*, 1997). No Brasil, as espécies de MNT mais associadas à doença pulmonar são as MAC (Lima *et al.*, 2013), o que concorda com nossos resultados, que mostraram que as MAC são as mais frequentes, além de *M. chelonae* (25% de todas as MNT). Nos países do Médio Oriente, o MAC foi o SGM mais comum isolado de amostras clínicas (Velayati *et al.*, 2015).

Os doentes com doença pulmonar *por M. abscessus* são geralmente não fumadores e mulheres mais velhas, muitas vezes sem doença pulmonar previamente notada (Daley e Griffith, 2002). Os resultados do presente estudo mostraram que um dos casos de pessoas infectadas com *M. abscessus* é do sexo masculino (30 anos de idade), não fumador e caso novo, enquanto o outro caso é do sexo feminino (53 anos de idade), não fumador e caso novo.

Vinte e dois casos (56,4 %) de isolados *de Mycobacterium* eram de homens, enquanto 17 casos eram de mulheres (43,5 %). Isto pode refletir a natureza do trabalho, uma vez que os homens trabalham em vários campos, em áreas não higiénicas e com muita gente, especialmente nos casos de pessoas pobres. Assim, os homens estão mais expostos à infeção (OMS, 2011).

O aparecimento de homens (20 casos) foi superior ao de mulheres (12 casos) nas micobactérias de crescimento lento (MTB e NTM) (quadros 12 e 14), enquanto as mulheres (5 casos) foram superiores aos homens (2 casos) nas de crescimento rápido (quadro 13).

Este resultado está de acordo com Shaker e Saleh, (2013) que descobriram que os homens eram mais do que as mulheres nos casos de TB (63,2% homens e 36,8% mulheres) e também concorda com os resultados de Al-Jubouri (2006) e Abouzeid *et al.* (2009).

O maior aparecimento de *Mycobacterium* spp. (71,8 %) registou-se no grupo etário dos 30-60 anos (Quadro 15).

Aproximadamente 62,5% dos pacientes com doença por MNT são mulheres de meia-idade ou idosas, como observado por Cook (2010), que descobriu que 80% dos pacientes com MNT eram mulheres de meia-idade ou idosas. Também Griffith *et al.* (2003b) encontraram uma predominância do sexo feminino (65%) entre 154 casos de doença pulmonar por MNT. Parte desta alteração pode ser explicada por um aumento do consumo de cigarros por parte das mulheres; mas muitas mulheres com doença por MNT nunca fumaram (Cook, 2010), e isto é contrário à maioria dos dados publicados, apresentando os homens como o principal grupo de risco para a doença pulmonar por MNT (Marras e Daley, 2002).

Foram reconhecidas infecções pulmonares *por Mycobacterium avium* complex e *M. kansasii* em homens fumadores de meia-idade e em mulheres idosas não fumadoras (ATS, 1997).

No entanto, alguns relatórios também comprovaram uma predominância feminina (Freeman *et al.*, 2007; Cassidy *et al.*, 2009; Prevots *et al.*, 2010; Winthrop *et al.*, 2010), em concordância com os dados de Chan e Iseman (2010) que sugeriram uma maior suscetibilidade imunológica das mulheres à doença pulmonar por MNT. São necessários mais estudos para explicar as razões da suscetibilidade feminina.

A doença pulmonar é relativamente rara nas crianças, uma vez que a vacina BCG as protege contra a tuberculose pulmonar durante dez anos. A revacinação BCG é frequentemente administrada a crianças entre os seis e os catorze anos de idade, mas não existem provas seguras da eficácia e da extensão da proteção oferecida pela revacinação BCG contra a TB nestas crianças mais velhas (Fine *et al.*, 1999). A forma mais comum de infeção por MNT clinicamente significativa nas crianças é a infeção dos gânglios linfáticos do pescoço (EPA, 2002).

Segundo a OMS (2011), a esperança de vida no Iraque é de: Homens 65,5 anos, mulheres 72,4 anos e a esperança de vida total é de 68,9 anos, o que coloca o Iraque numa esperança de vida mundial de 116 anos, isto pode explicar a baixa frequência de infeções na idade superior a 70 anos. A elevada frequência de espécies micobacterianas no bairro de Al-Hussain pode refletir a falta de condições sanitárias, o congestionamento e as casas antigas, bem como a pobreza e a falta de educação.

No presente estudo, foram utilizados dois métodos moleculares para a identificação das espécies de *Mycobacterium*. O primeiro método foi a PCR duplex para diferenciar MTB e NTM através da amplificação do gene *rpoB* e o segundo foi confirmado por sequenciação *do rDNA 16S*.

O ensaio de D-PCR foi efectuado em 20 isolados de *Mycobacterium*, confirmados por testes bioquímicos. O DNA de 235 pb foi amplificado em todos os isolados de MTB (9 isolados), e o DNA de 136 pb foi amplificado em 9 isolados de 11 isolados de NTM (Figura 4 e Tabela 19). Estes resultados concordam de alguma forma com Singh *et al.* (2013). Em comparação com os métodos laboratoriais de rotina, a D-PCR é um método de diagnóstico preciso e rápido para a deteção e identificação de infecções pulmonares por MTB e NTM de forma rápida para o tratamento adequado das doenças (Klemen *et al.*, 1998; Kim *et al.*, 2004; Bensi *et al.*, 2013).

A identificação de micobactérias nos laboratórios clínicos continua a ser um procedimento difícil e moroso. Os testes morfológicos, culturais e bioquímicos utilizados para a identificação necessitam de conhecimentos especializados e de técnicos de laboratório bem treinados (Kirschner *et al.*, 1993), mas, apesar disso, os testes bioquímicos podem ser um método adequado para a identificação quando realizados com precisão suficiente.

Os métodos tradicionais que envolvem cultura e reacções bioquímicas são lentos e podem conduzir a resultados incertos (Springer *et al.*, 1996), uma vez que muitos deles são afectados por opiniões pessoais e requerem a comparação com tabelas de chaves de identificação e estes testes demoram muito tempo a realizar, sendo também incapazes de diferenciar MTB de NTM em muitos casos (Bannalikar e Verma, 2006; Polanecky *et al.*, 2006).

A sequenciação direta *do rDNA 16S* é largamente utilizada para identificar diferentes espécies do género *Mycobacterium* (Rogall *et al.*, 1990). A nível das espécies, *o rDNA 16S* é supostamente estável e específico (Rogall *et al.*, 1990). Tem sido considerado um "padrão de ouro" para a identificação bacteriana porque contém regiões de sequência conservada que ladeiam regiões altamente variáveis (Woese, 1987), permitindo a amplificação por PCR destas regiões variáveis, presentes em grandes números de cópias de 10^3 a 10^4 moléculas por célula, facilitando assim o aperfeiçoamento de métodos de deteção sensíveis (Rossau *et al.*, 1989) e a sequência nucleotídica do *16SrRNA* pode ser determinada rapidamente (Cook *et al.*, 2003) e sem quaisquer procedimentos de clonagem (Bottger, 1989). A conservação do *16S rRNA* parece resultar da sua importância como componente basal da função celular (Clarridge, 2004).

As bases de dados de sequências disponíveis, como o Gene Bank, são mais extensas para este gene do que para qualquer outro gene para identificação de espécies. A sequência de rRNA é caraterística de quase todos os organismos e tem sido utilizada para estabelecer relações filogenéticas e para a identificação de microrganismos (Clarridge, 2004), incluindo espécies de *Mycobacterium* (Dobneret *al.*, 1996).

A abordagem por PCR é mais exacta e mais rápida do que os métodos convencionais para o diagnóstico da TB (Moreira-Oliveira *et al.,* 2008). Num estudo de 5000 amostras clínicas, apenas 218 amostras foram consideradas positivas para *M. tuberculosis* pelo método de cultura, enquanto o ADN de *M. tuberculosis* foi detectado em 85% das amostras por PCR (Banavaliker *et al.*, 1998). Noutro estudo, num total de 313 amostras clínicas, 95% das amostras com baciloscopia positiva e 57% das amostras com baciloscopia e cultura negativas foram detectadas como positivas por PCR (Boor *et al.*, 1995). Pao *et al.*, (1998) detectaram ADN de *M. tuberculosis* em 41,9% das amostras por PCR, enquanto apenas 16% se revelaram positivas pelo método de cultura.

No presente estudo, dos 20 isolados de micobactérias submetidos a sequenciação *do 16S rDNA*, apenas 15 isolados corresponderam à identificação bioquímica, 2 isolados não corresponderam e 3 isolados não foram sequenciados (quadro 18). Além disso, existe um elevado grau de correspondência entre a sequenciação do ADN e os resultados dos testes bioquímicos e os resultados da D-PCR para o gene *rpoB* atingiram 75% e 80%, respetivamente (quadro 19).

Uma vez que *o 16S rRNA* é o alvo de vários agentes antimicrobianos, as mutações no gene *16S rRNA* podem afetar a suscetibilidade bacteriana a estes agentes e, por conseguinte, a sequência do gene *16S rRNA* pode apresentar resistência fenotípica a agentes antimicrobianos (Pfister *et al.*, 2003), mas estas caraterísticas não afectam a utilização da sequência do gene *16S rRNA* para a identificação bacteriana (Garrity e Holt, 2001).

Nos resultados de fenotipagem e genotipagem, apenas duas espécies não coincidem, *M. flaviscens* nos resultados dos testes bioquímicos e *M. gilvum* nos resultados moleculares. Estudos anteriores relataram que *M. gilvum* é semelhante a *M. flaviscens* em testes bioquímicos (Stanford e Gunthorpe, 1971; Gunthroppe e Stanford, 1972).

M. gilvum é uma *micobactéria* ambiental isolada de sedimentos fluviais, capaz de degradar hidrocarbonetos aromáticos policíclicos como única fonte de carbono e energia (Brezna *et al.*, 2003) e de formar biofilme. É resistente à ampicilina, mas é suscetível a outros antibióticos, como a INH. Raramente foi isolado como um agente patogénico oportunista (Lamrabetand Drancourt, 2013).

As outras espécies que não corresponderam foram *M. chelonae* no resultado dos testes bioquímicos e *M. chitae* no resultado molecular.

O M. chitae foi descoberto por Tsukamura (1967), é branco a creme, colónias lisas, de aspeto húmido, de crescimento rápido, positivo para a 2 semanas-arilsulfatase, negativo para a niacina, peroxidase, 3 dias-arilsulfatase. Não se sabe se está associada a doenças humanas.

De acordo com Whitman *et al.*, (2012), a semelhança dos testes bioquímicos entre *M. chelonae* e *M.chitae* é de 78%.

Por outro lado, os resultados da suscetibilidade aos fármacos mostraram que cinco isolados eram resistentes à RIF. Um isolado *de M. abscessus* parecia ser resistente a todos os antibióticos, enquanto dois isolados de *M. chelonae* apresentavam resistência intermédia ao EMB e o isolado *de M. smegmatis* apresentava uma resistência fraca à PZA. Além disso, todos os isolados de *M. chelonae* eram sensíveis à PZA, INH e STR (Quadro 22).

M. chelonae e *M. abscessus* têm fenótipos e perfis de suscetibilidade antimicrobiana semelhantes (Helou *et al.*, 2013). No entanto, um isolado de *M. chelonae* foi resistente à RIF e 2 isolados foram resistentes à RIF e EMB, enquanto um isolado de *M. abscessus* foi resistente à RIF, EMB, INH, STR e PZA (Tabela 22).

O M. abscessus é um contaminante comum da água (Varghese *et al.*, 2012) e uma das espécies mais virulentas e resistentes de micobactérias de crescimento rápido, pelo que é difícil de tratar (Han e Jacobson, 2007).

Um possível mecanismo que afecta a atividade dos RIF é a inativação do fármaco por ADP-ribosilação (Baysarowich *et al.*, 2008). Este processo é mediado por ADP-ribosilases codificadas pelo gene *arr* (Dabbs e Quan, 2000). A expressão do gene *arr em M. smegmatis* foi correlacionada com uma atividade reduzida de RIF. O gene arr está presente no genoma do *M. abscessus*, que é considerado naturalmente resistente a muitos antibióticos, como todos os medicamentos de primeira linha para a tuberculose (Medjahed *et al.* 2010), incluindo a RIF (Brown-Elliott *et al.*, 2012; Park *et al.*, 2008).

A infeção cruzada foi proposta para explicar o isolamento de *M. abscessus* resistente à amicacina e à claritromicina de vários indivíduos nunca anteriormente expostos a macrólidos ou aminoglicosídeos a longo prazo através da transmissão de mutações adquiridas durante a infeção de um indivíduo a outros doentes (Medjahed *et al.*, 2010).

O M. abscessus tem uma parede celular hidrofóbica complexa que representa uma barreira impermeável eficaz para moléculas hidrofílicas, incluindo antibióticos (Fraud *et al.*, 2003). As análises genómicas revelaram a presença de muitos determinantes potenciais de resistência aos medicamentos, como as β-lactamases, as fosfotransferases de aminoglicosídeos e as acetiltransferases de aminoglicosídeos (Ripoll *et al.*, 2009).

O genoma *do M. abscessus* contém não só genes de virulência "micobacterianos", mas também muitos factores "não micobacterianos" específicos, obtidos por transferência horizontal de genes a partir de bactérias ambientais relacionadas à distância, como *a Pseudomonas aeruginosa* e *a Burkholderia cepacia*, frequentemente isoladas de doentes com fibrose cística (Ripoll *et al.*, 2009).

Tanto *o M. tuberculosis* como as NTM podem causar infeção pulmonar com sintomas e resultados radiográficos pulmonares semelhantes (McGrath *et al.*, 2008). Devido a estas semelhanças, é difícil diferenciar clinicamente estas infecções.

No Iraque, tal como em muitos países em desenvolvimento, a coloração ácido-rápida é a principal base bacteriológica para o diagnóstico da tuberculose (TB) nos centros de saúde (Tabarsi *et al.*, 2009), onde as instalações são limitadas para a cultura de *M. tuberculosis*, identificação exacta e reconhecimento da resistência aos medicamentos (Dorman *et al.*, 2012). Assim, a NTM é facilmente diagnosticada por engano como MTB, e a TB multirresistente (MDR) não pode ser identificada com precisão, os pacientes com NTM mal diagnosticada geralmente são tratados com os regimes anti-TB padrão (Xu *et al.*, 2014). Assim, seriam expostos a substâncias tóxicas sem quaisquer benefícios, o que pode levar à criação de estirpes resistentes aos regimes anti-TB.

O número crescente de estirpes de MTB resistentes aos medicamentos tornou a deteção rápida da suscetibilidade clinicamente importante, uma vez que os doentes infectados com estas estirpes necessitam de tratamento antibiótico especializado (Prabhu *et al.*, 2009).

Foi demonstrado que quase 4% de todos os isolados clínicos *de M. tuberculosis* apresentam resistência ao EMB (OMS/IUATLD, 2008). Os resultados do presente estudo mostraram uma percentagem elevada (13%) de resistência do MTB ao EMB (Tabela 23).

Embora o EMB tenha sido utilizado no tratamento da TB durante mais de 40 anos, os mecanismos moleculares da resistência ao EMB ainda não são bem compreendidos. Estudos anteriores relacionaram o fenótipo de resistência ao EMB com mutações nos genes do operão embCAB, mais notavelmente no gene *embB*. Verificou-se que as mutações na posição do códão 306 do gene *embB* ocorrem de forma mais considerável (Bakula *et al.,* 2013).

As elevadas taxas de mutações no códão *embB306* entre os isolados de MTB resistentes ao EMB foram comunicadas pela Coreia (47%) (Lee *et al.*, 2002), China (55%) (Shi *et al.*, 2011), Cuba e República Dominicana (70%) (Guerrero *et al.*, 2013), Rússia (48%) (Mokrousov *et al.*, 2002) e Alemanha (68%) (Plinke *et al.*, 2006). O papel das alterações *embB306* na criação de resistência dos bacilos da tuberculose ao EMB foi comprovado por mutagénese de troca alélica (Safi *et al.*, 2008).

Um isolado de M. *avium* era resistente à PZA, enquanto o isolado de *M. kansasii* era suscetível a todos os antibióticos de primeira linha (Quadro 24). *O M. avium,* que é naturalmente resistente à PZA, tem um gene *pncA* funcional que altera a suscetibilidade à PZA em relação aos organismos do complexo MTB resistentes à PZA (Sun *et al.*, 1997). A menor suscetibilidade do *M. kansasii* à INH e à PZA é bem conhecida (ATS, 1997) e constitui uma diferença importante entre estas duas micobactérias. Por conseguinte, alguns autores recomendam que a terapêutica inicial inclua 4 agentes antimicrobianos, entre os quais o EMB, quando se suspeita de doença por *M. kansasii* (Evans *et al.*, 1996).

Um isolado *de M. chelonae* era resistente ao EMB, um era MDR (RIF e EMB). Um isolado *de M. smegmatis* era MDR (RIF e PZA) (quadro 22). Adékambi *et al.* (2006) e Zelazny *et al.* (2009) mostraram uma resistência firme do *M. chelonae* a múltiplos agentes antimicrobianos. *O M. smegmatis* apresentou um perfil semelhante ao MTB MDR (INH e RIF) (Chaturvedi *et al.*, 2007).

Dos novos casos de MTB (16 casos), um isolado era resistente à PZA, um à RIF, e um à RIF e EMB, enquanto os casos anteriores (7) incluíam um isolado resistente à PZA, EMB, STR e INH, e um isolado resistente à EMB (Quadro 23).

No Iraque, e de acordo com a OMS (2011), a multirresistência foi de 3,4% dos novos casos de TB e de 21% dos casos de TB tratados (Shaker e Saleh, 2011).

O elevado número de casos de resistência aos medicamentos entre os casos previamente tratados pode estar relacionado com o elevado número de estirpes resistentes que circulam na comunidade devido à elevada agregação de casos previamente tratados (Nema e Al-Kadimy, 2009).

A resistência intrínseca do MTB aos medicamentos tem sido convencionalmente atribuída à estrutura invulgar da sua parede celular, que confere à bactéria uma baixa permeabilidade a muitos compostos, como os antibióticos e outros agentes quimioterapêuticos (Jarlier e Nikaido, 1994).

Registaram-se 12 novos casos de NTM, incluindo um isolado de M. chelonae resistente à RIF e ao EMB, um isolado de *M. chelonae* resistente à RIF, um *M. abscessus* resistente à RIF, INH, STR, EMB e PZA. Um *M. smegmatis* resistente à RIF e à PZA, um MAC resistente à PZA e um isolado *de M. simiae* resistente à RIF e à PZA. Enquanto que em casos anteriores (4) apenas um caso de *M. chelonae* era resistente ao EMB (quadro 22).

Quando se depende apenas do esfregaço de expetoração para o diagnóstico, um esfregaço de expetoração positivo pode, de facto, dever-se a uma MNT que é então erradamente tratada com medicamentos anti-TB padrão. Uma vez que muitas MNT são resistentes aos medicamentos anti-TB de primeira linha, a maioria destes casos seria considerada um fracasso, sendo subsequentemente tratados com o regime de segunda linha. Em caso de insucesso deste último regime, os doentes são notificados como casos crónicos (Tabarsi *et al.*, 2009).

Uma das principais porinas de *M. smegmatis*, *MspA*, forma um complexo tetramérico com um único poro central (Engelhardt *et al.*, 2002). Assim, a parede celular micobacteriana funciona como uma barreira protetora eficaz e limita a entrada de moléculas de fármacos nos seus alvos celulares (Brennan e Nikaido, 1995). A eliminação das porinas MspA e MspC aumentou a resistência aos antibióticos β-lactâmicos sem alterar a sua atividade de β-lactamase. As fluoroquinolonas hidrofílicas, como a norfloxacina e o cloranfenicol, difundem-se através das porinas nas micobactérias (Danilchanka *et al.*, 2008).

A barreira da parede celular, por si só, não é suficiente para explicar a resistência intrínseca aos medicamentos destas bactérias. O efluxo de fármacos é um mecanismo de resistência aos fármacos que contribui para a resistência intrínseca ou adquirida numa vasta gama de bactérias (Li e Nikaido, 2004). A LfrA de *M. smegmatis* foi a primeira bomba de efluxo multidroga confirmada em micobactérias (Takiff *et al.*, 1996). Produz uma resistência de baixo nível às fluoroquinolonas e a outros compostos tóxicos, como o brometo de etídio (Liu et al., 1996, Takiff *et al.*, 1996). EfpA, Tap e P55 são as três outras bombas da superfamília de facilitadores principais (MFS) presentes em várias espécies de micobactérias e, destas bombas, sabe-se que Tap e P55 conferem uma resistência de baixo nível aos aminoglicosídeos e às tetraciclinas (Silva *et al.*, 2001). A Mmr (uma pequena bomba da família de resistência a múltiplos fármacos (SMR)) e a DrrAB (um exportador da superfamília de cassetes de ligação a ATP (ABC)) foram registadas no MTB (Choudhuri *et al.*, 2002). Estes exportadores produzem uma resistência de baixo nível a determinados agentes antimicrobianos (De Rossi *et al.*, 1998). As adaptações fisiológicas que surgem no hospedeiro também podem levar à tolerância aos antibióticos (Nguyen e Pieters, 2008).

No *M. tuberculosis, o whiB7* é um determinante MDR que, quando suprimido, produziria um fenótipo suscetível a múltiplas drogas, propondo o seu papel como um determinante MDR ancestral (Morris *et al.*, 2005).

Ao contrário de outras bactérias, em que a resistência adquirida aos medicamentos é geralmente produzida através da transferência horizontal de elementos genéticos móveis, como plasmídeos, transposões ou integrões, no *M. tuberculosis*, a resistência adquirida aos medicamentos a mutações espontâneas nos genes cromossómicos, levando à seleção de estirpes resistentes durante uma terapia medicamentosa sub-óptima (Kochi *et al.*, 1993).

Embora não se tenha encontrado uma mutação pleiotrópica única que produza um fenótipo MDR no *M. tuberculosis*, um possível complexo entre mutações clássicas relacionadas com a resistência a um fármaco poderia estar associado às etapas iniciais da resistência a outros fármacos (Safi *et al.*, 2008).

Os resultados não revelaram qualquer diferença significativa nas infecções por MNT no distrito de Basrah (Quadro 27), o que está de acordo com O'Brien *et al.* (2000), que não encontraram qualquer diferença significativa nas infecções por MNT nas regiões rurais em relação às regiões urbanas.

O'Brien *et al.* (2000) estudaram a incidência de doenças causadas por MNT e não encontraram um aumento entre os pacientes diabéticos. Além disso, existem poucas evidências anteriores que demonstrem que a diabetes é um fator de risco significativo para a doença devida a MNT. Este resultado foi assegurado por Shu *et al.* (2008).

Vários fatores de risco para a doença por MNT, como a FC e o uso de corticosteróides, também são fatores de risco para diabetes. Não há literatura sobre o diabetes mellitus como um fator de risco independente de doença pulmonar por MNT (Sexton e Harrison, 2008).

Não foi encontrada uma relação estatisticamente significativa entre o aumento das espécies de *Mycobacterium* e o sexo, a residência, o tabagismo e a história de doença.

Além disso, os resultados mostraram que não foi encontrada uma relação estatisticamente significativa entre as espécies de *Mycobacterium* e a resistência aos antibióticos.

O presente estudo também incluiu o isolamento e a identificação das bactérias associadas a doentes com suspeita de TB. A maioria dos doentes do presente estudo albergava bactérias associadas como *Pseudomonas* spp. (35,1%), *Bacillus* spp. (29,7%), *Vibrio* spp. (13,5%), *Staphylococcus* spp. (10,8%)

e *Klebsiella* spp. (10,8%).

Os resultados mostraram que as bactérias Gram-negativas dominam as Gram-positivas, o que está de acordo com um estudo anterior que confirmou que a taxa de infeção das bactérias Gram-negativas na infeção do trato respiratório era significativamente mais elevada do que a das bactérias Gram-positivas (He *et al.*, 2014).

Os resultados mostraram que o maior aparecimento bacteriano foi o de *espécies de Pseudomonas*, com 35,1%. As espécies de *Pseudomonas* são agentes patogénicos oportunistas que raramente causam doença em pessoas saudáveis, mas várias condições tornam os doentes susceptíveis a infecções por Pseudomonas, especialmente em pessoas imunodeprimidas (Kielhofner *et al.*, 1992), como os doentes que sofrem de tuberculose. Estes resultados

2015 simula um estudo anterior em que *Pseudomonas* foi considerada como o principal agente patogénico que causou infecções secundárias em doentes tuberculosos hospitalizados (Shishido *et al.*, 1990).

Os resultados revelaram que 11 (29,7%) eram *Bacillus* spp. e 5 (13,5%) *Vibrio* spp. Estes géneros bacterianos são bactérias oportunistas e podem ser transmitidos de um hospedeiro para outro sem causar doença.

A presença de 4 (10,8%) para *Staphylococcus* spp foi mais elevada quando comparada com muitos estudos anteriores, tais como Nagalingam *et al.,* (2005) que encontraram 6,5% *de Staphylococcus* em amostras de expetoração em Trinidad e 3,8% encontrados por Moine *et al.,* (1994) em França. Por outro lado, foi encontrada uma prevalência inferior de 0,4% nos EUA (Martson *et al.*, 1997).

Os resultados mostraram a presença de 4 (10,8%) como *Klebsiella* spp. e isto está de acordo com Mayaud *et al.*, (2002), que relataram 13% de *Klebsiella* spp. frequentemente associadas a infecções bacterianas do trato respiratório.

5. Conclusões:

De acordo com os conhecimentos disponíveis, este estudo é o primeiro estudo efectuado para isolar e identificar NTM e MTB entre os doentes suspeitos de tuberculose no Iraque. Baseia-se na combinação da caraterização convencional e baseada na biologia molecular para utilizar o gene *rpoB* por D-PCR e sequências do gene *16S rDNA*, juntamente com o exame dos padrões de suscetibilidade antimicrobiana.

A prevalência ou incidência de MTB e NTM no Governo de Basra é considerável.

A sequência do gene *16S rDNA* é crucial para uma identificação mais exacta.

Os nossos resultados confirmaram que a utilização de D-PCR provou ser uma técnica precisa e rápida para diferenciar MTB e NTM, que pode ser utilizada nos centros de saúde iraquianos para ajudar a tratar e controlar estes agentes patogénicos.

Verifica-se um aumento notável da resistência aos antibióticos por parte das estirpes de MTB e NTM.

Os nossos resultados indicam a importância de tais investigações, revelando a complexidade da ocorrência de NTM e MTB em Bassorá.

6. Recomendações:

Realizar mais investigação sobre as NTM no Iraque, devido ao aumento das infecções humanas.

Realizar pesquisas sobre outras infecções humanas, como a fibrose cística, doenças disseminadas, gânglios linfáticos e outras doenças associadas à MNT.

Melhorar o método de cultura para MTB e NTM, a fim de reduzir o tempo de incubação

Incentivar as autoridades sanitárias do Iraque a adoptarem estas novas tecnologias para a deteção destes agentes patogénicos. Convidar também os sectores da saúde a participarem nesta investigação, uma vez que são os principais beneficiários.

São necessários mais estudos para explicar as razões da suscetibilidade preferencial das mulheres às doenças pulmonares por MNT.

Referências

Abouzeid, M.S., Zumla, A.L., Felemban, S. Alotaibi, B., O'Grady, J. e Memish, Z.A. (2009). Tendências da tuberculose em sauditas e não-sauditas no Reino da Arábia Saudita - Um estudo respiratório de 10 anos (20002009). PloS One. 7(6): 1-8.

Adams, L. (2004). Tipagem molecular de isolados de micobactérias cultivadas a partir de tecido de pacientes com doença inflamatória intestinal (Doença de Crohn). Tese de doutoramento. Universidade da Flórida Central. EUA.

Ade'kambi, T. e Drancourt, M. (2004). Dissecção das relações filogenéticas entre 19 espécies de *Mycobacterium* de crescimento rápido através da sequenciação dos genes 16S rRNA, hsp65, sodA, recA e rpoB. Int. J. Syst. Evol. Microbiol. 54(6): 2095-2105.

Adé kambi, T., Berger, P., Raoult, D. e Drancourt, M. (2006). Caracterização baseada na sequência do gene RpoB de micobactérias não tuberculosas emergentes com descrições de *Mycobacterium bolletii* sp. nov., *Mycobacterium phocaicum* sp. nov. e *Mycobacterium aubagnense* sp. nov. Int. J. Syst. Evol. Microbiol. 56(1):133-143.

Ade'kambi, T., Colson, P. e Drancourt, M. (2003). Identificação baseada em RpoB de micobactérias de crescimento rápido não pigmentadas e de pigmentação tardia. J. Clin. Microbiol. 41(12): 5699-5708.

Adjemian, J., Olivier, K.N., Seitz, A.E., Holland, S. M. e Prevots, D.R. (2012). Prevalência de doença pulmonar por micobactérias não tuberculosas em beneficiários de cuidados médicos nos EUA. Am. J. Respir. Crit. Care Med. 185(8): 881-886.

Ahmady, A., Pooland, T., Rafee, P., Tousheh, P., Kahbaz, M. e Arjomandzadegan, M. (2013). Estudo das alterações estruturais da pirazinamidase em isolados resistentes e susceptíveis à pirazinamida de *Mycobacterium tuberculosis*. Tuberk Toraks. 61(2):110-114.

Aitken, M., Limaye, A. e Pottinger, P. (2012). Surto respiratório de *Mycobacterium abscessus* subespécie massiliense num centro de transplante pulmonar e fibrose cística. Am. J. Respir. Crit. Care Med. 185(2): 231-232.

Alcaide, F., Pfyffer, G.E. e Telenti, A. (1997). Papel de *embB* na resistência natural e adquirida ao etambutol em micobactérias. Antimicrob. Agents Chemother. 41(10): 2270-2273.

Alexander, S.K., Strete, D. (2001). Microbiologia Um atlas fotográfico para o laboratório. Benjamin Cummings: 71-76.

Al-Jubouri, A.S. (2006). Resistência a múltiplos fármacos na população do complexo *Mycobacterium tuberculosis* isolada de doentes iraquianos. Dissertação de Mestrado. Tese de Mestrado. Faculdade de Saúde e Tecnologia Médica. Bagdade - Iraque.

Al-Mohammed, N.T., Al-Rawi, K.M., Yunis, M.A. e Al-Morani, W.K. (1980). Princípios de estatística. Impressão da Universidade de Mousel. Mousel (em árabe).

Al-Saqurm, I.M., Al-Thwani, A.N. e Al-Attar, I.M. (2009). Deteção de espécies de micobactérias no leite de vaca utilizando métodos convencionais e PCR. Iraqi J. of Vet. Sci. 23(2):259-262.

Al-Sulami, A.A., Al-Taee, A.M. e Widaa, Q. (2012). Isolamento e identificação do complexo *Mycobacterium avium* e outras micobactérias não tuberculosas da água potável na província de Basra, Iraque. Mediterrâneo Oriental. Health. J. 18(3): 274-278.

ATS: American Thoracic Society. (1997). Diagnóstico e tratamento de doenças causadas por micobactérias não tuberculosas. Am. J. Respir. Crit. Care Med.156(2): 1-25.

Angeby, K., Alvarado-Gâlvez, C., Pineda-Garcia, L. e Hoffner, S. (2000). Melhoria da microscopia da expetoração para um diagnóstico mais sensível da tuberculose pulmonar. Int. J. Tuberc. Lung Dis. 4(7):684-687.

Anraku, Y., Mizutani, R. e Satow, Y. (2005). "Splicing de proteínas: sua descoberta e visão estrutural de novos mecanismos químicos". Iubmb. Life. 57(8): 563-574.

Arend, S.M., Soolingen, D.V., e Ottenhoff, H.M. (2009). Diagnóstico e tratamento da infeção pulmonar por micobactérias não tuberculosas. Curr. Opin. in Pulmon. Med.15(3): 201-208.

Babady, N.E. e Wengenack, N.L. (2012). Diagnóstico laboratorial clínico para *Mycobacterium tuberculosis*, Understanding Tuberculosis -

Global Experiences and Innovative Approaches to the Diagnosis, Dr. Pere-Joan Cardona (Ed.), ISBN: 978-953-307-938-7, InTech.

Baghaeim, P., Tabarsi, P., Farnia, P., Marjani, M., Sheikholeslami, F.M., Chitsaz, M., Bayani, P., Shamaei, M., Mansouri, D., Masjedi, M. e Velayati, AA. (2012). Doença pulmonar causada por *Mycobacterium simiae* no centro nacional de referência para a tuberculose do país. J. Infect. Dev. Ctries. 6(1): 23-28.

Bakula, Z., Napiórkowska, A., Bielecki, J., Augustynowicz-Kopec, E., Zwolska, Z. e Tomasz, J. (2013). Mutações no gene embB e sua associação com a resistência ao etambutol em isolados clínicos de *Mycobacterium tuberculosis* multirresistentes da Polónia. Bio. Med. Res. Inter. Vol. 2013:1-5.

Balkis, M.M., Kattar, M.M. e Araj, GF. (2009). Infeção fatal disseminada *por Mycobacterium simiae* num doente não VIH. Int. J. Infect. Dis. 13(5): 286-287.

Banavaliker, J.N., Bhalotra, B., Sharma, D.C., Goel, M.K., Khandekar P.S. e Bose, M. (1998). Identification of *Mycobacterium tuberculosis* by polymerase chain reaction in clinical Specimens. Ind. J. Tub. 45(15): 15-18.

Bannalikar, A.S., e Verma, R. (2006). Deteção de *Mycobacterium avium* e *M. tuberculosis* em culturas de expetoração humana por análise PCR-RFLP do gene hsp65 e pncA PC R. Indian J. Med. Res. 123(2): 165-172.

Bastian, S., Veziris, N., Roux, A.L., Brossier, F., Gaillard, J.L., Jarlier, V. e Cambau, E. (2011). Avaliação da suscetibilidade à claritromicina em estirpes pertencentes ao grupo *Mycobacterium abscessus* por erm (41) e sequenciação de rrl. Antimicrob. Agents Chemother. 55(2):775-781.

Baysarowich, J., Koteva, K., Hughes, D.W., Ejim, L., Griffiths, E., Zhang, K., Junop, M., e Wright, G.D. (2008). Resistência aos antibióticos da rifamicina por ADP-ribosilação: estrutura e diversidade de Arr. Proc. Natl. Acad. Sci. U. S. A. 105(12):4886-4891.

Beggs, M.L., Stevanova, R., e Eisenach, K.D. (2000). Identificação de espécies de isolados do complexo *Mycobacterium avium* através de uma variedade de técnicas moleculares. J. Clin. Microbiol. 38(2):508-512.

Belén, I., Morcillo, N. e Bernardelli, A. (2007). Identificação fenotipica de micobactérias. Bioquimica. Y. Patologia. Clinica. 71(2):47-51.

Bensi, E.P.A., Panunto, P.C. e Ramos, M.C. (2013). Incidência de micobactérias tuberculosas e não tuberculosas, diferenciadas por PCR multiplex, em espécimes clínicos de um hospital geral de grande porte. Clin. 68(2):179-183.

Bercovier, H. e Vincent, V. (2001). Infecções micobacterianas em animais domésticos e selvagens devidas a *Mycobacterium marinum, M. fortuitum, M. chelonae, M. porcinum, M. farcinogenes, M. smegmatis, M. scrofulaceum, M. xenopi, M. kansasii, M. simiae* e *M. genavense*. Rev. sci. tech. Off. int. Epiz. 20(1): 265-290.

Bernardelli, A. (2007). Manual de ProcedimientosOlasificacwn fenotipica de las micobacterias. Direção de Laboratório e Controlo Técnico. Disponível em: http: //www.senasa. gov.ar /Archivos /File /File1443-mlab.pdf-BioSource nternational, nc. Informações de ordenação do Alamar blue™. Número de catálogo DAL 1100.

Birn, K.J., Schaefer, W.B., Jenkins, P.A., Szulga, T. e Marks, J. (1967). Classification of *Mycobacterium avium* and related opportunist mycobacteria met in England and Wales. J. Hyg. Camb. 65(4):575.

Bodmer, T., Miltner, E., Bermudez, L.E. (2000). *Mycobacterium avium* resiste à exposição às condições ácidas do estômago. FEMS Microbiol. Lett. 182(1):45-49.

Bojalil, L.F., Cerbon, J. e Trujillo, A. (1962). Classificação adansoniana das micobactérias. J. Gen. Microbiol. 28: 333-346.

Bonomo, R.A. e Szabo, D. (2006). Mecanismos de resistência a múltiplos fármacos em espécies de *Acinetobacter* e *Pseudomonas aeruginosa*. Clin. Infect. Dis. 43 (2): 49-56.

Boor, K.J., Duncan, M., Price, C.W., (1995). Organização genética e transcricional da região que codifica a subunidade beta da RNA polimerase *de Bacillus subtilis*. J. Biol. Chem. 270: 20329-20336.

Bostanabad, S.Z, Heidarieh, P., Sheikhi, N., Ghalami, M., Azar, S.P., Nojumi, S.A. e Hashemi-Shahraki, A. (2012). Identificação de isolados clínicos de micobactérias recuperadas de pacientes iranianos por métodos fenotípicos e moleculares. New Cell. Molecul. Biotach. J. 2(7):49-56.

Bottger, E.C. (1989). Isolamento e sequenciação direta de genes inteiros. Caracterização de um gene que codifica o RNA ribossómico 16S. Nucleic Acids Res. 17:7843-7853.

Braunstein, M., Espinosa, B.J., Chan, J., Belisle, J.T. e Jacobs, W.R. Jr. (2003). SecA2 funciona na secreção de superóxido dismutase A e na virulência de *Mycobacterium tuberculosis*. Mol. Microbiol. 48(2):453-464.

Brennan, P.J. e Nikaido, H. (1995). The envelope of mycobacteria. Annu. Rev. Biochem. 64:29-63.

Brenner, D.J., Krieg, N.R., Staley, J.T., e Garrity, G.M. (eds). (2005). Bergey's Manual of Systematic Bacteriology (Manual de Bacteriologia Sistemática de Bergey). Nova Iorque, EUA: Springer, 2ª ed.

Brezna, B., Khan, A.A., e Cerniglia, C.E. (2003). Molecular characterization of dioxygenases from polycyclic aromatic hydrocarbondegrading *Mycobacterium* spp. FEMS Microbiol. Lett. 223(2):177-183.

Bridson, E.Y., (2006). Oxoid The Manual, 9ª edição. Oxoid Ltd, Basingstoke.

Brown, B.A., Springer, B., Steingrube, V.A., Wilson, R.W., Pfyffer, G.E., Garcia, M.J., Menendez, M.C., Rodriguez-Salgado, B., Jost, K.C., Chiu, S.H., Onyi, G.O., Bottger, E.C. e Wallace, R.J.Jr. (1999). Descrição de *Mycobacterium wolinskyi* e *Mycobacterium goodii*, duas novas espécies de crescimento rápido relacionadas com *Mycobacterium smegmatis* e associadas a infecções de feridas humanas: um estudo cooperativo do Grupo de Trabalho Internacional sobre Taxonomia de Micobactérias. Int. J. Syst. Bacteriol. 49(4):1493-1511.

Brown-Elliott, B.A. e Wallace, R.J.Jr. (2002). Estatuto clínico e taxonómico das micobactérias patogénicas de crescimento rápido não pigmentadas ou de pigmentação tardia. Clin. Microbiol. Rev. 15(4): 716-746.

2015 Brown-Elliott, B.A, e Wallace, R.J.Jr. (2005). Infecções causadas por micobactérias não tuberculosas. In: Mandell GL, Bennett JE, Dolin R, editores. Principles and practice of infectious diseases. 6th ed. Philadelphia: Elsevier Churchill Livingstone: 20902916.

Brown-Elliott, B.A., Nash, K.A. e Wallace, R.J.Jr. (2012). Testes de suscetibilidade antimicrobiana, mecanismos de resistência aos medicamentos e terapia de infecções por micobactérias não tuberculosas. Clin. Microbiol. Rev. 25 (3): 545-582.

Brunello, F., Ligozzi, M., Cristelli, E., Bonora, S., Tortoli, E., Fontanai, R. (2001). dentificação de 54 espécies de micobactérias por PCR - Análise de polimorfismo de comprimento de fragmento de restrição do gene hsp65. J. Clin. Microiol. 39(8): 2799-2806.

Brzostek, A., Sajduda, A., Sliwiski, T., Augustynowicz-Kope A.E. e Jaworski, A. (2004). Caracterização molecular de estirpes *de Mycobacterium tuberculosis* resistentes à estreptomicina isoladas na Polónia. Int. J. Tuberc. Lung Dis. 8: 1032-1035.

BTS: O Comité de Investigação da British Thoracic Society. (2001). Primeiro ensaio aleatório de tratamentos para doenças pulmonares causadas por. *M. avium-intracellulare, M. malmoense* e *M. xenopi* em pacientes HIV negativos: rifampicina, etambutol e isoniazida versus rifampicina e etambutol. Thorax. 56:167-172.

Buijtels, P. (2007). Relevância clínica das micobactérias não tuberculosas na Zâmbia. Tese de doutoramento. Faculdade de Promoção. Optima Grafische Communicatie, Roterdão: 11-12.

Bull, T.j., McMinn, E.J., Sidi-Boumedine, K., Skull, A., Durkin, D., Neild, P., Rhodes, G., Pickup, R. e Hermon-Taylor J. (2003). Deteção e verificação de *Mycobacterium avium* subsp. paratuberculosis em amostras frescas de biopsia da mucosa ileocolónica de indivíduos com e sem doença de Crohn. J. Clin. Microbiol. 41(7): 2915-2923.

Bull, T.J. e Shannon, D.C. (1992). Erro de diagnóstico rápido por *Mycobacterium avium-intracellulare* mascarado de tuberculose em testes de sonda PCR/DNA. Lancet. 340:1360.

Butler, W., Jost, K. e Kilburn, J. (1991). Identification of mycobacteria by high-performance liquid chromatography (Identificação de micobactérias por cromatografia líquida de alta eficiência). J. Clin. Microbiol. 29:2468-2472.

Cabria, F., Torres, M.V., Garcia-Cia, J.I., Dominguez-Garrido, M.N., Esteban, J. e Jimenez, M.S. (2002). Linfadenite cervical causada por *Mycobacterium lentiflavum.* Pediat. Infect. Pediat Dis. J. 21: 574575.

Cambau, E. e Drancourt, M. (2014). Passos para a descoberta do *Mycobacterium tuberculosis* por Robert Koch, 1882.Clin. Microbiol. Infect. 20 (3): 196-201.

Canetti, G., Froman, S., Grosset, J., Hauduroy, P., Langerova, M., Mahler, H.T., Meissner, G., Mitchison, D.A. e Sula, L. (1963). Métodos laboratoriais para testar a sensibilidade e a resistência aos medicamentos. Bull. Wld. Hlth. Org. 29: 565-578.

Canetti, G., Fox, W., Khomenko, A., Mahler, H.T., Menon, N.K. , Mitchison, D.A., Rist N. e Smelev, N. A. (1969). Advances in techniques of testing mycobacterial drug sensitivity, and the use of sensitivity tests in tuberculosis control programmes. Bull World Health Organ. 41(1): 21-43.

Cassidy, P.M., Hedberg, K., Saulson, A, McNelly, E. e Winthrop, K.L. (2009). Prevalência da doença micobacteriana não tuberculosa e factores de risco: uma epidemiologia em mudança. Clin. Infect. Dis. 49 (12): 124-129.

Cavusoglu, C., Hilmioglu, S., Guneri, S. e Bilgic, A. (2002). Characterization of *rpoB* mutations in rifampin-resistant clinical isolates of *Mycobacterium tuberculosis* from Turkey by DNA sequencing and line probe assay. J. Clin. Microbiol. 40 (12): 4435-4438.

Cayrou, C., Turenne, C., Behr, M.A. e Drancourt, M., (2010). Genotipagem de organismos do complexo *Mycobacterium avium* utilizando a tipagem de sequências multispacer. Microb. 156 (3): 687-694.

Chaiprasert, A. e Leelarasamee, A. (1999). Microbiologia de micobactérias ambientais clinicamente importantes. J. Infict. Dis. Antimicrob. Agents. 16(1): 29-40.

Chan, E.D. e Iseman, M.D. (2010). Mulheres magras e mais velhas parecem ser mais susceptíveis à doença pulmonar por micobactérias não tuberculosas. Gend. Med. 7(1):5-18.

Chandra, N.S., Torres, M.F., Winthrop, K.L., Bruckner, D.A., Heidemann D.G., Calvet, H.M., Yakrus, M., Mondino, B.J. e Holland, G.N. (2001). Um grupo de casos de queratite *por Mycobacterium chelonae* após queratomileusis in-situ a laser. Am. J. Ophthalmol. 132: 819-830.

Chang, Y.H., Shangkuan, Y.H., Lin, H.C. e Liu, H.W. (2003). Ensaio PCR do gene *groEL* para deteção e diferenciação de células do grupo *Bacillus cereus*. Appl. Environ. Microbiol. 69: 4502-4510.

Chaturvedi, V., Dwivedi, N., Tripathi, R.P. e Sinha, S. (2007). Avaliação de *Mycobacterium smegmatis* como um possível ecrã de substituição para a seleção de moléculas activas contra *Mycobacterium tuberculosis* multirresistente. J. Gen. Appl. Microbiol. 53 (6): 333-337.

Chen, J., Chen, Z., Li, Y., Xia, W., Chen, X., Chen, T., Zhou, L., Xu, B. e Xu, S. (2012). Caracterização das mutações *gyrA* e *gyrB* e da resistência às fluoroquinolonas em isolados clínicos de *Mycobacterium tuberculosis* da província de Hubei, China. Braz. J. Infect. Dis.16 (2): 136-141.

Chiodini, R.J. (1989). A doença de Crohn e as micobacterioses: uma revisão e comparação de duas entidades patológicas. Clin. Microbiol. Rev. 2:90-117.

Choudhuri, B.S., Bhakta, S., Barik, R., Basu, J., Kundu, M. e Chakrabarti, P. (2002). Sobreexpressão e caraterização funcional de um transportador ABC (ATP-binding cassette) codificado pelos genes *drrA* e *drrB* de *Mycobacterium tuberculosis*. Biochem. J. 367:279-285.

Clarridge, J.E. (2004). Impacto da análise da sequência do gene 16S rRNA para identificação de bactérias em microbiologia clínica e doenças infecciosas. Clin. Microbiol. Rev. 17(4): 840-862.

CLSI: Instituto de Normas de Laboratórios Clínicos. (2003). Testes de suscetibilidade de micobactérias, nocardiae e outros actinomicetes aeróbios; norma aprovada. Documento M24-A do CLSI (ISBN 1-56238550-3). CLSI, Wayne, PA.

Cohn, D.L. e O'Brien, M.D. (2000). Targeted tuberculin testing and treatment of latent tuberculosis infection. CDC. 49(6): 1-54.

Conger, N.G, O'Connell, R.J e Laurel, V.L. (2004). Surto de *Mycobacterium simiae* associado ao abastecimento de água a um hospital. Infect. Cont. Hosp. Epidemiol. 25: 1050-1055.

Cook, J. (2010). Micobactérias não tuberculosas: agentes patogénicos ambientais oportunistas para hospedeiros predispostos. British Medic. Bulletin. 96: 45-59.

Cook, V.J., Turenne, C.Y., Wolfe, J., Pauls, R. e Kabani, A. (2003). Métodos convencionais versus sequenciação do ADN ribossómico 16S para identificação de micobactérias não tuberculosas: análise de custos. J. Clin. Microbiol. 41: 1010-1015.

Corbett, E.L., Blumberg, L., Churchyard, G.J., Moloi, M., Mallory, K., Clayton, T., Williams, B.G., Chaisson, R.E, Hayes, R.J. e De Cock, K.M. (1999). Nontuberculous mycobacteria: defining disease in a prospective cohort of South African miners. Am. J. Respir. Crit. Care Med.160: 15-21.

Cordone, A., Audrain, B., Calabrese, I., Euphrasie, D. e Reyrat, J. (2011). Caracterização de um mutante *uvrA de Mycobacterium smegmatis* prejudicado na dormência induzida por hipóxia e baixa concentração de carbono BMC Microbiol. **11**: 231-232.

Courcelle, J., e Hanawalt, P.C. (2003). RecA-dependent recovery of arrested DNA replication forks (Recuperação dependente de RecA de garfos de replicação de DNA presos). Annu. Rev. Genet. 37: 611-646.

Cox, M.M. (1991). A proteína RecA como um sistema de reparação recombinacional. Molecul. Microbiol. 5: 1295-1299.

Cruz, A.T., Goytia, V.K. e Starke, J.R. (2007). Infeção pelo Complexo *Mycobacterium simiae* em uma criança imunocompetente. J. Clin. Microbiol. 45: 2745-2746.

Dabbs, E.R. e Quan, S. (2000). A luz inibe a inativação da rifampicina e reduz a resistência à rifampicina devido a um gene clonado de ADP-ribosilação micobacteriana. FEMS Microbiol. Lett. 182:105-109.

Daley, C.L., e Griffith, D.E. (2002). Doença pulmonar causada por micobactérias de crescimento rápido. Clin. Chest Med. 23:623-632.

Damtie, D., Woldeyohannes, D. e Mathewos, B. (2014). Revisão sobre o mecanismo molecular da primeira linha de resistência a antibióticos em *Mycobacterium tuberculosis*. Mycobact. Dis. 4(6): 2-4.

Danilchanka, O., Pavlenok, M. e Niederweis, M. (2008). Papel das porinas na absorção de antibióticos pela *Mycobacterium smegmatis*. Antimicrob. Agents Chemother. 52:3127-3134.

Darmawati, A. e Kusumaningrum, D. (2014). Identificação de ácido micólico de *Mycobacterium tuberculosis* por cromatografia gasosa - detetor de ionização por chama. Internat. J. Pharm. e Pharmaceut. Sci. 6 (2): 460-464.

da Silva Rocha, A., da Costa Leite, C., Torres, H.M., de Miranda, A.B., Pires Lopes, M.Q., Degrave, W.M., e Suffys, P.N. (1999). Uso da análise de polimorfismo de comprimento de fragmento de restrição por PCR do gene hsp65 para identificação rápida de micobactérias no Brasil. J. Microbiol. Methods, 37: 223-229.

de Bel, A., de Geyter, D. e de Schutter, I. (2013). Método de amostragem e descontaminação para cultura de micobactérias não tuberculosas em amostras respiratórias de pacientes com fibrose cística. J. of Clin. Microbiol. 51(12): 4204-4206.

Dega, H., Robert, J., Bonnafous, P., Jarlier, V. e Grosset, J. (2000). Actividades de vários antimicrobianos contra a infeção por *Mycobacterium ulcerans* em ratos. Antimicrob. Agents Chemother. 44 (9): 2367-2372.

De Groote, M. e Huitt, G. (2006). Infecções devidas a micobactérias de crescimento rápido. Clin. Infect. Dis. 42 (12):1756-1763.

Denton, K.A. (2006). Deteção rápida de *Mycobacterium tuberculosis* em tecido pulmonar utilizando um biossensor de fibra ótica. Tese de doutoramento. Universidade do Sul da Flórida.

De Rossi, E., Branzoni, M., Cantoni, R., Milano, A., Riccardi, G. e Ciferri, O. (1998). mmr, um gene de *Mycobacterium tuberculosis* que confere resistência a pequenos corantes e inibidores catiónicos. J. Bacteriol. 180: 6068-6071.

Devallois, A., Goh, K.S. e Rastogi, N. (1997). Identificação rápida de micobactérias ao nível da espécie por análise do polimorfismo do comprimento do fragmento de restrição por PCR do gene hsp65 e proposta de algoritmo para diferenciar 34 espécies de micobactérias. J. Clin. Microbiol. 35: 2969-2973.

Diel, R., Nienhaus, A., Lange, C., Meywald-Walter, K., Forssbohm, M., Schaberg, T. (2006). Investigação de contactos de tuberculose com uma nova análise de sangue específica numa população de baixa incidência que contém uma elevada proporção de pessoas vacinadas com BCG. Respir. Res. 7:77.

Dobner, P, Feldmann, K., Rifai, M., Loscher, T. e Rinder, H. (1996). Identificação rápida de espécies de micobactérias por amplificação por PCR da região promotora do gene 16S rRNA hiper variável. J. Clin. Microbiol. 34 (4): 866-869.

Domenech, P., Menendez, M.C., e Garcia, M.J. (1994). Polimorfismos de comprimento de fragmentos de restrição dos genes 16S rRNA na diferenciação de espécies de micobactérias de crescimento rápido. FEMS Microbiol. Lett. 116: 19-24.

Dorman, S.E., Chihota, V.N., Lewis, J.J., der Meulen, M.v., Mathema, B., Beylis, N.,Fielding, K.L., Grant, A.D. e Churchyard, G. J. (2012). Genótipo MTBDR plus para deteção direta de *Mycobacterium tuberculosis* e resistência aos medicamentos em estirpes de mineiros de ouro na África do Sul. J. of Clinic. Microbiol. 50 (4): 1189-1194

Doucette, K. e Fishman, J.A. (2004). Hospedeiros imunocomprometidos: Infeção por micobactérias não tuberculosas em receptores de transplantes de células estaminais hematopoiéticas e de órgãos sólidos. Clin. Infect. Dis. 38: 1428-1439.

Draper, P., e Daffe, M. (2005). O envelope celular de *Mycobacterium tuberculosis*, com especial referência à cápsula e à barreira de permeabilidade externa: 261-273. *Em* K. D. E. S. T. Cole, D. N. McMurray, e W. R. Jacobs, Jr. (ed.), Tuberculosis and the tubercle bacillus. ASM Press, Washington, DC.

Ellis, S.M e Hansell, D.M. (2002). Imagiologia da infeção pulmonar por micobactérias não tuberculosas (atípicas). Clin. Radiol. 57: 661669.

Ellis, S.M. (2004). O espetro da tuberculose e da infeção por micobactérias não tuberculosas. Eur. Radiol. 14(3): 34-42.

Engelhardt, H., Heinz, C., e Niederweis, M. (2002). Uma porina tetramérica limita a permeabilidade da parede celular de *Mycobacterium smegmatis*. J. Biol. Chem. 277: 37567-37572.

EPA: Agência de Proteção do Ambiente. (2002). Mycobacteria: Ficha informativa sobre a água potável. Gabinete de Ciência e Tecnologia, Gabinete da Água. EUA.

Erturk, A., Atasever, M., Yesiler F.I., Canbakan, S., Güler, Z.M. e Capan, N. (2012). O rácio de micobactérias não tuberculosas e comorbilidades no nosso hospital nos últimos cinco anos. Europ. Respir. J. 40(56): 25-27.

Espinal, M.A, Laszlo, A., Simonsen, L., Boulahbal, F. e Kim, S.J. (2001). Global trends in resistance to antituberculosis drugs. Organização Mundial de Saúde - Grupo de Trabalho da União Internacional contra a Tuberculose e as Doenças Pulmonares sobre a Vigilância da Resistência aos Medicamentos Antituberculose. N. Engl. J. Med 344: 1294-1303.

Euz'eby, J. e Parte, A.C. (2013). Lista de nomes de procariotas com posição na nomenclatura. Sítio Web: http://www.bacterio.net/.

Evans, S.A. Colville, A. e Evans, A.J. (1996). Infeção pulmonar *por Mycobacterium kansasii*: comparação das caraterísticas clínicas, tratamento e resultados com a tuberculose pulmonar. Thorax. 51:1248-1252.

Fahni, D.C, Maso, U.G e Horsburgh, C.R. (1987). Patologia da infeção por MAC. SIDA Human Pathol. 18: 709-714.

Falkinham, J.O. (1996). Epidemiologia da infeção por micobactérias não tuberculosas. Clin. Microbiol. Rev. 9: 177-215.

Falkinham, J.O. (2003). Factores que influenciam a suscetibilidade ao cloro de *Mycobacterium avium, Mycobacterium intracellulare* e *Mycobacterium scrofulaceum*. Appl. Environ. Microbiol. 69(9): 5685-5689.

Falkinham, J.O. (2003). The changing pattern of non-tuberculous mycobacterial disease. Can J Infect Dis.14 (5): 281-286.

Falkinham, J.O., Iseman, M.D., de Haas, P. e van Soolingen, D. (2008). *Mycobacterium avium* num chuveiro associado a doença pulmonar. J. of Wat. Heal. 6: 209-213.

Field, S.K e Cowie, R.L. (2006). Doença pulmonar devida a micobactérias não tuberculosas mais comuns. Chest. 129:1653-1672.

Fine, P.E.M., Carneiro, A.M., Milstein, J.B., Clements, J.C. (1999). Questões relacionadas com a utilização do BCG em programas de imunização. Um documento para discussão. Genebra: OMS.

Finlay, B.B., e Falkow S. (1997). Temas comuns na patogenicidade microbiana revisitados. Microbiol. Mol. Biol. Rev. 61:136-169.

Fleischmann, R.D., Alland, D., Eisen, J.A., Carpenter, L., White, O., Peterson, J., DeBoy, R., Dodson, R., Gwinn, M., Haft, D., Hickey, E., Kolonay, J.F., Nelson, W.C., Umayam, L.A., Ermolaeva, M., Salzberg, S.L., Delcher, A., Utterback, T., Weidman, J., Khouri, H., Gill, J., Mikula, A., Bishai, W., Jacobs J.W., Venter Jr.J.C., e Fraser, C.M. (2002). Comparação de todo o genoma de estirpes clínicas e laboratoriais de *Mycobacterium tuberculosis*. J. Bacteriol. 184:5479-5490.

Fleischmann, R.D., Dodson, R.J., Haft, D.H., Merkel, J.S., Nelson, W.C e Fraser, C.M (2006). Sequência de referência NCBI: NC_008596.1.

Flint, J.L., Kowalski, J.C, Karnati, P.K, Derbyshire K.M. (2004). O locus de virulência RD1 de *Mycobacterium tuberculosis* regula a transferência de ADN em *Mycobacterium smegmatis*. Proc. Natl. Acad. Sci. USA. 101: 12598-12603.

Flowers, M.T., Miyazaki M., Liu, X. e Ntambi, J.M. (2006). Sondagem do papel da estearoil-CoA dessaturase-1 na resistência à insulina hepática. J. Clin. Invest. 116(6):1475-1478.

Franklin, D.J, Starke, J.R, Brady, M.T, Brown, B.A e Wallace, R.J.Jr. (1994). Otite média crónica após colocação de tubo de timpanostomia causada por *Mycobacterium abscessus*: uma nova entidade clínica? . Am. J. Otol. 15: 313-320.

Fraude, S., Hann, A.C. e Maillard, J.Y. (2003). Efeitos do ortoftalaldeído, glutaraldeído e diacetato de clorexidina em estirpes *de Mycobacterium chelonae* e *Mycobacterium abscessus* com permeabilidade modificada. J. Antimicrob. Chemother. 51: 575-584.

Freeman, J., Morris, A., Blackmore, T., Hammer, D., Munroe, S. e McKnight, L. (2007). Incidence of nontuberculous mycobacterial disease in New Zealand, 2004. N. Z. Med J. 151(20):1256

Furlanetto, L., Conte-Jûnior, C., Figueiredo, E., Duarte, R., Lilenbaum, W., Silva, T., Paschoalin, V. (2014). Protocolo de HPLC para identificação de *Mycobacterium* spp. a partir de amostras clínicas de humanos e veterinários. J. Microbiol. Res. 4(6): 193-200 .

Gadkowski, L.B. e Stout, J.E. (2008). Doença pulmonar cavitária. Clic. Microbiol. Rev. 21(2): 305-333

Gangadharam, P.R.J., Lanier, J.D. e Jones, D. (1978). Ceratite devida a *Mycobacterium chelonea.* Tubercle. 59:55-60.

Garcia-Pelayo, M.C., Caimi, K.C., Inwald, J.K., Hinds, J., Bigi, F., Romano, M. I., vanSoolingen, D., Hewinson, R.G., Cataldi, A. e Gordon, S.V. (2004). A análise de microarray *de Mycobacterium microti* revela a deleção de genes que codificam as proteínas PE-PPE e os antigénios da família ESAT-6. Tuberculose. (Edinb.). 84:159-166.

Garnier, T., Eiglmeier, K. e Camus, C. (2003). The complete genome sequence of *Mycobacterium bovis*, Proceedings of the National Academy of Sciences of the United States of America. 100 (13): 7877-7882.

Garrity, G.M., e Holt, J.G. (2001). O roteiro para o manual, p.119-166. *Em* G. M. Garrity (ed), Bergey's manual of systematic bacteriology. Springer-Verlag, Nova Iorque, N.Y.

Gayathri, R., Therese, K., Deepa, P., Mangai, S. e Madhavan, H. (2010).

Padrão de suscetibilidade a antibióticos de micobactérias de crescimento rápido. J. Postgrad. Med. 56(2):76-78.

Gillman, L., Gunton, J., Turenne C., Wolfe, J., Kabani, A. (2001). dentification of *Mycobacterium* Species by Multiple-Fluorescence PCR- Single-Strand Conformation Polymorphism Analysis of the 16S rRNA Gene. J. Clin. Microbiol. 39 (9) :3085-3091.

Glassroth, J. (2008). Doença Pulmonar Devido a Micobactérias Não Tuberculosas. Chest. 133: 243-251.

Gopinath, K., Singh, S. (2010). Micobactérias não tuberculosas em países endémicos para a TB: estaremos a negligenciar o perigo? PLoS Negl Trop. 4 (4): 615.

Gordon, R.E. e Smith, M.M. (1953). Bactérias de crescimento rápido e ácido-rápido. I. Descrições das espécies de *Mycobacterium phlei* Lehmann e Neumann e *Mycobacterium smegmatis* (Trevisan)

Lehmann e Neumann. J. bacteriol. 66 (1): 41-48.

Griffith, D. e Aksamit, T. (2012). Terapia da doença pulmonar micobacteriana não tuberculosa refratária. Curr. Opin. Infec. Dis. 25(2): 218-227.

Griffith, D.E., Aksamit, T., Brown-Elliot, B.A., Catanzaro, A., Daley, C., Gordin, F., Holland, S.M., Horsburgh, R., Huitt, G., Iademarco, M.F., Iseman, M.,Olivier, K., Ruoss, S., Fordham von Reyn, C., Wallace, R.J.Jr e Winthrop, K. (2007). Uma declaração oficial da ATS/IDSA: diagnóstico, tratamento e prevenção de doenças micobacterianas não-tuberculosas. Am J. Respir. Crit. Care Med.175 (4): 367-416.

Griffith, D.E., Girard, W.M. e Wallace, R.J.Jr. (2003). Caraterísticas clínicas da doença pulmonar causada por micobactérias de crescimento rápido. Uma análise de 154 pacientes. Am. Rev. Respir. Dis. 147(5):1271-1278.

Guerrero, E., Lemus, D., Yzquierdo, S. (2013). Associação entre mutações *embB* e resistência ao etambutol em isolados de *Mycobacterium tuberculosis* de Cuba e da República Dominicana: padrões e problemas reproduzíveis. Revista. Argentina. de Microbiologia. 45 (1): 21-26.

Gunthroppem, W.J. e Stanford, J.L. (1972). Um estudo de *Mycobacterium gordonae* e *Mycobacterium marianum* (Scrofulaceum). Br. J. exp. Path. 53: 665-671.

Hamed, H. e Saleh, D. (2013). Micobactérias não tuberculosas (NTM) de crescimento rápido em amostras de expetoração de doentes iraquianos com TB no laboratório de referência da TB. em Bagdade. Iraqi J. Sci. 54 (4):1044-1049

Han, D., Lee, K.S., Koh, W.J., Yi, Cam Kim, T.S. e Kwon, O.J. (2003). Achados radiográficos e tomográficos de infeção pulmonar por micobactérias não tuberculosas causada por *Mycobacterium abscessus*. Am J Roentgenol; 181 (2): 513517.

Han, S.H., Kim, K.M., Chin, B.S., Choi, S.H., Lee, H.S., Kim, Han, M.S., Jeong, S.J., Choi, H.K., Kim, C.O., Choi, G.Y., Song, Y.G. e Kim, J.M. (2010). Infeção disseminada *por Mycobacterium kansasii* associada a lesões cutâneas: Um relato de caso e uma revisão exaustiva da literatura. J. Korean Med. Sci. 25: 304-308.

Han, X.Y., De, I. e Jacobson, K.L. (2007). Micobactérias de crescimento rápido: Estudos clínicos e microbiológicos de 115 casos. Am J Clin Pathol. 128(4): 612-621.

Harriff, M.J, Wu, M., Kent, M.L e Bermudez, L.E. (2008). As espécies de micobactérias ambientais diferem nas suas capacidades de crescimento em macrófagos humanos, de rato e de carpa e no que respeita à presença de genes de virulência micobacteriana, conforme observado por hibridação de microarranjos de ADN. Appl. Environ. Microbiol. 74:275-285.

Harris, J. e Keane, J. (2010). Como os bloqueadores do fator de necrose tumoral interferem com a imunidade à tuberculose. Sociedade Britânica de Imunologia, Imunologia Clínica e Experimental. O J. Trans. Immu.: 1-9.

Harshitha, J. (2014). A expedição do primeiro medicamento anti-tuberculose (estreptomicina) de 1940 até à data: Uma breve revisão. J. Bacteriol. Parasitol. 5 (4): 188.

Hatzenbuehler, L. e Starke, J. (2014). Apresentações comuns de infecções por micobactérias não tuberculosas. Pediat. Infec. Dis. J. 33 (1): 89-91.

Hazra, R., Robson, C., Perez-Atayde, A.R. e Husson, R.N. (1999). Linfadenite devida a micobactérias não tuberculosas em crianças: Apresentações e resposta à terapia. Clin. Infect. Dis. 28:123-129.

Haydel, S.E. (2010). Tuberculose extensivamente resistente aos medicamentos: Um sinal dos tempos e um impulso para a descoberta de antimicrobianos. Pharmaceuticals (Basileia). 3(7): 2268-2290.

He, R., Luo, B., Hu, C., Li, Y. e Niu R., (2014). Diferenças na distribuição e sensibilidade a medicamentos de patógenos em infecções do trato respiratório inferior entre enfermarias gerais e RICU. J. Thorac. Dis. 6(10):1403-1410.

Heifets, L.B. (1996). Testes de suscetibilidade a medicamentos. Clin. Mycobacteriol. 16:641656.

Helou, G.E., Viola, G.M., Hachem, R., Han, X.Y e Raad, I.I. (2013). Infecções da corrente sanguínea por micobactérias em rápido crescimento. Lancet. 13: 166-174.

Hiriyanna, K.T. e Ramakrishnan, T. (1986). Tempo de replicação do ácido desoxirribonucleico em *Mycobacterium tuberculosis* H37 Rv. Arch. Microbiol. 144:105-109.

Hirsh, A.E., Tsolaki, A.G., Riemer. K.De, Feldman, M.W. e Small, P.M. (2004). Associação estável entre estirpes de *Mycobacterium tuberculosis* e as suas populações de hospedeiros humanos. Proc. Nat. Acad. Sci. U.S.A. 101:4871-4876.

Horsburgh, C. (1996). Epidemiologia das doenças causadas por micobactérias não tuberculosas. Semin. Respir. Infect.11:244-251.

Horsburgh, C. (1999). A fisiopatologia da doença disseminada do complexo *Mycobacterium avium* na SIDA. J. Infec. Dis. 179 (3): 461465.

Horsburgh, C., Chin, D.P., Yajko, D.M., Hopewell, P.C., Nassos P.S., Elkin, E.P., Hadley, W.K., Stone, E.N., Simon, E.M. e Gonzalez P. (1994). Environmental risk factors for acquisition of *mycobacterium avium* complex in persons with human immunodeficiency virus infection. J. Infect. Dis. 170: 362-367.

Horsburgh, C., Hanson D L, Jones J L, Thompson S E. (1996). Protection from *Mycobacterium avium* complex disease in human immunodeficiency virus- infected persons with a history of tuberculosis. J. Infect. Dis. 174: 1212-1217.

http://www..ncbi.nlm.nih.gov.

Huang, J.H., Kao, P.N., Adi, V. e Ruoss, S.J. (1999). Infeção pulmonar *por Mycobacterium avium-intracellulare* em pacientes HIV-negativos sem doença pulmonar pré-existente: limitações de diagnóstico e tratamento. Chest.115: 1033-1040.

Ibanez, R., Serrano-Heranz, R., Jimenez-Palop, M., Roman, C., Corteguera, M. e Jimenez, S. (2002). Infeção disseminada causada por *Mycobacterium lentiflavum* de crescimento lento. Eur. J. Clin. Microbiol. Infect. Dis. 21:691-692.

Ibanga, H., Brookes, R., Hill, P., Owiafe, P., Fletcher, H, Lienhardt, C., Hill, A., Adegbola, R. e McShane H (2006). "Ensaios clínicos iniciais com uma nova vacina contra a tuberculose, MVA85A, em países onde a tuberculose é endémica: questões relativas à conceção do estudo". Lancet Infect. Dis. 6 (8): 522528.

Ioachimescu, O.C. e Tomford, J.W. (2010). Doenças micobacterianas não tuberculosas. Curr. Clin. Med.: 765-774.

Iseman, M.O., Buschman, D.L. e Ackerson, L.M. (1991). Pectus excavatum e escoliose: anomalias torácicas associadas a doença pulmonar causada pelo complexo *Mycobacterium avium*. Am Rev Respir Dis. 144:914-916.

Jacobson, M.A., Hopewell, P.C., Yajko, D.M., Hadley, W.K., Lazarus, E., Mohanty, P.K., Modin, G.W., Feigal, D.W., Cusick, P.S. e Sande,

M.A. (1991). História natural da infeção disseminada pelo complexo *Mycobacterium avium* na SIDA. J. Infect. Dis.164(5):994-8

Jagielski, T., van Ingen, J., Rastog, N., Dziadek, J., Mazur, P. e Bielecki, J. (2014). Métodos actuais na tipagem molecular de *Mycobacterium tuberculosis* e outras micobactérias. BioMed Research International, Artigo ID 645802, 21p.

Jang, M., Koh, W. e Huh, H. (2014). Distribuição de micobactérias não tuberculosas por tipagem baseada em sequência multigene e significado clínico de cepas isoladas J. of Clin. Microbiol. 52 (4) :1207- 1212.

Jarlier, V. e Nikaido, H. (1994). Mycobacterial cell wall: structure and role in natural resistance to antibiotics. FEMS Microbiol. Lett.123:11-18.

Jeong, J., Kim, S., Lee, S., Lim, J.H., Choi, J.I., Park, J.S., Chang, C.L., Choi, J.Y., Richman, D.D. e Smith, D.M. (2011). A utilização da cromatografia líquida de alta eficiência para especificar e caraterizar a epidemiologia das micobactérias Medicina Laboratorial. 42 (10): 612617.

Jeong, Y.J., Lee, K.S., Koh, W.J., Han, J., Kim, T.S. e Kwon, O.J. (2004). Infeção pulmonar por micobactérias não tuberculosas em pacientes imunocompetentes: Comparação de TC de secção fina e achados histopatológicos. Radiol.231: 880-886.

Ji, Y.E., Colston, M.J. e Cox, R.A. (1994). Os operões de ARN ribossómico (rrn) de micobactérias de crescimento rápido: estruturas primárias e secundárias e a sua relação com os operões rrn de microrganismos patogénicos de crescimento lento. Microbiol. 140: 2829-2840.

Johnson, M., Odell, J. (2014). Infecções pulmonares por micobactérias não tuberculosas. J. Thorac. Dis. 6(3):210-220.

Kaji, B.C., Vala, E.B., Bohra, M., Vaghela, M.P., Changadiya, K.H., Talwar, R.P., Goyal, M., Rathod, C.L. e Chaturvedi, N. (2015). Complexo *Mycobacterium Avium*. Inter. J. of Sci. Res. 4(1): 359-364.

Kalu, O.O. e Jimmy, E.E. (2015). Avaliação do conhecimento, atitude e estigma social relacionado à tuberculose entre adolescentes escolares em uma cidade semi-urbana no estado de Cross River, Nigéria. Internati. J. Edu. and Res. 3(2): 81-90.

Kanamori, H., Isogami, K., Hatakeyama, T., Saito, H., Shimada, K., Uchiyama, B., Aso, N. e Kaku, M.J. (2012). Abscesso na parede torácica devido a *Mycobacterium bovis* BCG após terapia intravesical com BCG. Clin Microbiol. 50(2): 533-535.

Kanne, J.P., Yandow, D.R., Mohammed, T.L e Meyer, C.A. (2011). Achados tomográficos de nocardiose pulmonar. Am. J. Roentgenol. 197(2): 266-272.

Karassova, V., Weissfeiler, J. e Krasznay, E. (1965). Ocorrência de micobactérias atípicas em *Macacus rhesus*. Ata. Microbiol. Acad. Sci. Hung. 12 : 275-282.

Kato, H., Kato, N., Watanabe, K., Iwai, N., Nakamura, H., Yamamoto, T., Suzuki, K., Kim, S.M., Chong, Y. e Wasito, E.B. (1998). Identificação de *Clostridium difficile* toxina A-negativa e toxina B-positiva por PCR. J. Clin. Microbiol. 36(8): 2178-82.

Katoch, V.M. (2004). Infecções devidas a micobactérias não tuberculosas (NTM).Indian J. Med Res. 120: 290-304.

Katoch, V.M. e Mohan, K.T. (2001). Infecções micobacterianas atípicas. In: Sharma SK, editor. *Tuberculosis,* 1ª ed., Nova Deli: Jaypee Brothers Medical Publishers. Nova Deli: Jaypee Brothers Medical Publishers (P) Ltd; 2001: 439-451.

Kaufmann, S.H, Hussey, G. e Lambert, P.H. (2010). Novas vacinas para a tuberculose. Lancet. 375: 2110-2119.

Keating, M., Daly, J. (2013). Infecções por micobactérias não tuberculosas em transplante de órgãos sólidos. Am. J. Transpl. 13: 77-82.

Kendall, B.A., Varley, C.D., Choi, D., Cassidy, P.M., Hedberg, K., Ware, M.A. e Winthrop, K.L. (2011). Distinguir a tuberculose da doença pulmonar por micobactérias não tuberculosas. Oregon, EUA. Emerg. Infect. Dis. 17(3): 506-509.

Kerbauy, G., Perugini, M.R.E. Yanauchi, L.M. e Ogatta, S.F.Y. (2011). *Enterococcus faecium* van A dependente de vancomicina: Caracterização do primeiro caso isolado em um hospital universitário no Brasil. Braz. J. Med. Biol. Res. 44(3): 253-257.

Khan, I.U.H., Selvaraju, S.B. e Yadav, J.S. (2005). Ocorrência e caraterização de múltiplos novos genótipos de *Mycobacterium immunogenum* e *Mycobacterium chelonae* em fluidos metalúrgicos. FEMS Microbiol. Ecol.54: 329-338.

Khan, S.I. (2009). Avaliação da Técnica de Cultura Rápida de Lâminas para o Diagnóstico da Tuberculose Pulmonar. Tese de doutoramento. Faculdade de Medicina de Mymensingh.

Khoor, A, Leslie K O, Tazelaar HO. (2001). Doença pulmonar difusa causada por micobactérias não tuberculosas em pessoas imunocompetentes (pulmão de banheira). Am. J. Clin. Pathol.115: 755-762.

Kielhofner, M., Atmar R.L., R. I. Hamill e D.M. Musher. (1992). Infecções *por Pseudomonas aeruginosa* com risco de vida em pacientes com infeção pelo vírus da imunodeficiência humana. Clin. Infect. Dis. 14(2): 403-411 .

Kielstra, P. (2014). Inimigo antigo, imperativo moderno - Um tempo para uma maior ação contra a tuberculose. In Zoe Tabary. Economist Insights (The Economist Group).

Kiepiela, P., Bishop K S, Smith A N, Roux N, York DF. (2000). As mutações genómicas nos genes katG, inhA e ahpC são úteis para a previsão da resistência à isoniazida em isolados de *Mycobacterium tuberculosis* de Kwazulu Natal, África do Sul. Tuber. Lung Dis. 80:47-56.

Kilburn, J O, Silcox V A , Kubica G P . (1969). Identificação diferencial de micobactérias. O teste de redução do telurito. Am. Rev. Respir. Dis. 99 : 94-100.

Kim, B., Hwalee K., Napark B., Kim S., Bai G., Kim S., Kook Y. (2001). Differentiation of Mycobacterial Species by PCR-Restriction Analysis of DNA (342 Base Pairs) of the RNA Polymerase Gene (rpoB). J. Clinic. Microbiol. 39(6):2102-2109.

Kim, B., Hong S., Lee K., Yun Y., Kim E., Park Y., Bai G. e Kook Y. (2004). Identificação diferencial do complexo *Mycobacterium tuberculosis* e de micobactérias não tuberculosas através de um ensaio de PCR duplex utilizando o gene da ARN polimerase (*rpoB*). J. Clin. Microbiol. 42 (3): 13081312.

Kim, E.Y., Chi Y.S., Oh, I.J., Kim, K.S., Kim, Y.I., Lim, S.C., Young Chul Kim, Y.C. e Kwon, Y.S. (2011). Resultado do tratamento da combinação

2015, incluindo claritromicina para a doença pulmonar causada pelo complexo *Mycobacterium avium*. Korean J. Intern. Med. 26(1): 54-59.

Kirschner, P.h., Springer, B., Vogel, U., Meier, A., Wrede, A., Kiekenbeck, M., Bange, F.C., e Bottger, E.C. (1993). Identificação genotípica de micobactérias por determinação da sequência de ácidos nucleicos: Report of a 2-YearExperience in a clinical laboratory. J. Clin. Microbiol. 31(11): 2882-2889.

Klemen, H., Bogiatzis, A., Ghalibafian, M., e Popper, H.H. (1998). Multiplex polymerase chain reaction for rapid detection of atypical mycobacteria and *Mycobacterium tuberculosis* complex. Diagn. Mol. Pathol. 7:310-316.

Knoll, B., Kappagoda, S., e Gill, R. (2012). Infeção por micobactérias não tuberculosas entre receptores de transplante de pulmão: Um estudo de coorte de 15 anos. Transpl. Infect. Dis. 14: 452-460.

Kobashi, Y., Mouri, K., Obase, Y., Kato, S. e Oka, M. (2013). Análise clínica da doença micobacteriana pulmonar não tuberculosa diagnosticada como infeção pulmonar coincidente devido a espécies de *Mycobacterium*. Open J. Respir. Dis. 3: 107-112.

Kochi, A., Vareldzis, B. e Styblo, K. (1993). Multidrug-resistant tuberculosis and its control. Res Microbiol, 144: 104-110.

Koh, W., Lee, K., Kwon, O., Jeong, Y., Kwak, S. e Kim, T. (2005). Bronquiectasia bilateral e bronquiolite na TC de secção fina: implicações diagnósticas na infeção pulmonar por micobactérias não tuberculosas. Radiol. 235(1):282-288.

Kowalczykowski, S.C., Dixon, D.A., Eggleston, A.K., Lauder, S.S., e Rehrauer, W.M. (1994). Bioquímica da recombinação homóloga em *Escherichia coli*. Microbiol. Rev. 58:401-465.

Kubica, G.P., Baess, I., Gordon, R.E., Jenkins, P.A., Kwapinski, B.G., Mcdurmont, C., Pattyn, S.R., Saito, H., Silcox, V., Stanford, J.L., Takeya, K. e Tsukamura, A.M. (1972).Co-operative numerical analysis of rapidly growing mycobacteria. J. Gener. Microbiol. 73: 55-70.

Kubica, G.P. e Ridgon, A.L. (1961). A atividade arilsulfatásica dos bacilos álcool-ácido resistentes. III. Investigação preliminar de bacilos ácido-resistentes de crescimento rápido. Am. Rev. Respir. Dis.83: 737 - 740.

Kumar, V., Abbas, A., Fausto, N. e Mitchell, R.N. (2007). Robbins basic pathology (8ª ed.). Saunders Elsevier: 516-522.

Kwok, A.Y., Su, S.C., Reynolds, R.P., Bay, S.J., Av-Gay, Y., Dovichi, N. J. e Chow, A.W. (1999). Identificação de espécies e relações filogenéticas com base em sequências parciais do gene HSP60 em o género *Staphylococcus*. Int. J. Syst. Bacteriol. 49:1181-1192.

Lamrabet, O. e Drancourt, M. (2013). *Mycobacterium gilvum* ilustra relações correlacionadas de tamanho entre micobactérias e acanthamoeba polyphaga. Appl. e Envir. Microbiol. 79 (51): 606-1611

Lawn, S.D., Bekker, L.G., Middelkoop, K., Myer, L. e Wood, R. (2006). Impacto da infeção pelo VIH na epidemiologia da tuberculose numa comunidade periurbana da África do Sul: A necessidade de intervenções específicas por idade. Clin. Infect. Dis. 12(3): 1040-1047.

Lawn, S.D. e Zumla, A.I. (2011). "Tuberculose". Lancet. 378 (9785): 57-72.

Leao, S.C., Martin, A., Mejia, G.I., Palomino, J.C., Robledo, J., Telles, M.A.S., e Portaels, F. (2004). Practical handbook for the phenotypic and genotypic identification of mycobacteria (Manual prático para a identificação fenotípica e genotípica de micobactérias*)*. Brugges, Vanden Broelle.

Leao, S.C., Tortoli, E., Euzéby, J.P., Garcia, MJ. (2011). Proposta para que *Mycobacterium massiliense* e *Mycobacterium bolletii* sejam unidos e reclassificados como *Mycobacterium abscessus* subsp. bolletii comb. nov., designação de *Mycobacterium* abscessus subsp. abscessus subsp. nov. e descrição emendada de *Mycobacterium abscessus*. Int. J. Syst. Evol. Microbiol. 61:2311-2313.

Leao, S.C, Tortoli, E. e Vianna-Niero, C. (2009). Characterization of mycobacteria from a major Brazilian outbreak suggests that revision of the taxanomic status of members of *Mycobacterium chelonae-M. abscessus* group is needed. J. Clin. Microbiol. 47(9): 2691-2698.

Lee, A.S., Lim, H., Tang, L.L., Telenti, A. e Wong, Y. (1999). Contribuição da análise kasA para a deteção de *Mycobacterium tuberculosis* resistente à isoniazida em Singapura. Antimicrob. Agents

Chemother. 43:2087-2089.

Lee, A.S., Othman, S.N., Ho, Y.M. e Wong, S.Y. (2004). Novas mutações no gene embB em isolados clínicos de *Mycobacterium tuberculosis* susceptíveis ao etambutol. Antimicrob. Agents Chemother. 48: 4447-4449.

Lee, H., Bang, H., Bai, G. e Cho, S. (2003). Nova região polimórfica do gene *rpoB* contendo sequências específicas de espécies de *Mycobacterium* e sua utilização na identificação de micobactérias. J. Clinic Microbiol. 41(5): 2213-2218.

Lee, H., Myoung, H.J. e Bang, H.E. (2002). Mutações no locus *embB* entre isolados clínicos coreanos de *Mycobacterium tuberculosis* resistentes ao etambutol. Yonsei Med. J. 43(1): 59-64.

Leong, F.J, Dartois, V. e Dick, T. (2010). Um atlas colorido de patologia comparativa da tuberculose pulmonar. CRC Press: p. 198.

Lewis, K. (2001). Enigma da resistência do biofilme. Antimicrob. Agents Chemother. 45:999-1007.

Lillo, M., Orengo, S., Cernoch, P. e Harris, R.L. (1990) Pulmonary and disseminated infection due to *Mycobacterium kansasii*: a decade of experience. Rev. Infect. Dis. 12: 760-767.

Lima, A.S., Duarte, R.S., Montenegro, L.M. e Schindler, H.S. (2013). Deteção rápida e diferenciação de espécies de micobactérias utilizando um sistema de PCR multiplex. Revista da Sociedade Brasileira de Medicina Tropical. 46(4):447-452.

Lindeboom, J.A., Prins, J.M., Bruijnesteijn van Coppenraet, E.S., Lindeboom, R. e Kuijper, E.J. (2005). Linfadenite cervicofacial em crianças causada por *Mycobacterium haemophilum*. Clin. Infect. Dis.4: 1569-1575.

Liu, J., H.E., Takiff, e Nikaido, H. (1996). Efluxo ativo de fluoroquinolonas em *Mycobacterium smegmatis* mediado por LfrA, uma bomba de efluxo de múltiplos fármacos. J. Bacteriol. 178:3791-3795.

Liverani, E. , Scaioli, E., Cardamone, C., Dal Monte, P. e Belluzzi, A. (2014). *Mycobacterium avium* subespécie paratuberculosis na etiologia da doença de Crohn, causa ou epifenómeno? World J Gastroenterol. 20(36): 13060-13070

Li, X.Z. e Nikaido, H. (2004). Resistência a medicamentos mediada por efluxo em bactérias. Drugs. 64:159-204.

Luquin, M., Ausina, V., Lopez Calaborra, F., Belda, F., Garcia Barcelo, M., Celma, C., e Prats, G. (1991). Avaliação de procedimentos práticos de cromatografia para identificação de isolados clínicos de micobactérias. J. Clin. Microbiol. 29:120-130.

Machado, D., Ramos, J., Couto, I., Cadir, N., Narciso, I., Coelho, E., Viegas, S. e Viveiros, M. (2014). Avaliação do teste de identificação BD MGIT TBc para a deteção do complexo *Mycobacterium tuberculosis* numa rede de laboratórios de micobacteriologia. BioMed Res. Internati. Artigo ID 398108, 6 p.

Madigan, G. (2012). Avaliação de diferentes métodos para a deteção de *Mycobacterium bovis* em tecido de gânglios linfáticos. Tese de mestrado. Universidade Nacional da Irlanda, Maynooth.

Mandell, D. (2009). Princípios e prática de doenças infecciosas de Bennett (7ª ed.). Philadelphia, PA: Churchill Livingstone/ Elsevier. pp. Capítulo 250. Capítulo 250. ISBN 978-0-443-06839-3.

Mangtani, P., Abubakar, I., Ariti, C., Beynon, R., Pimpin, L., Fine, P., Rodrigues, L., Smith, P., Ipman, M., Whiting, P. e Sterne, J. (2013). Proteção pelo BCG contra a tuberculose: uma revisão sistemática de ensaios clínicos randomizados. Clinical Infectious Diseases Advance Access publicado em 13 de dezembro de 2013: 1-24

Mankhi, A.A. (2010). "Manual de trabalho laboratorial do programa de tuberculose no Iraque". Publicado pela Sociedade Iraquiana de Luta contra a Tuberculose e Doenças do Tórax em colaboração com a OMS. Bagdade, Iraque: 35-60.

Maoz, C., Shitrit, D. e Samra, Z. (2008). Infeção pulmonar *por Mycobacterium simiae*: comparação com tuberculose pulmonar. Eur. J. Clin. Microbiol. Infect. Dis. 27: 945-950.

Margaret, M. e Johnson, J. (2014). Infecções pulmonares por micobactérias não tuberculosas. J. Thor. Dis. 6: 210-220.

Marras, T.K. e Daley, C.L. (2002). Epidemiologia da infeção pulmonar humana por micobactérias não tuberculosas. Clin. in Chest Medici. 23(3): 553-567.

Marras, T., Morris, A., Gonzalez, L., e Daley, C. (2004). Previsão de mortalidade na infeção pulmonar *por Mycobacterium kansasii* e pelo vírus da imunodeficiência humana Am. J. Respir. Crit. Care Med. 170: 793-798.

Marfm-Casabona, N., Bahrmand, A.R. e Bennedsen, J. (2004). Micobactérias não tuberculosas: Padrões de isolamento. Um estudo retrospetivo de vários países. Inter. J. Tubercul. and Lung Dis. 8 (10) :1186-1193.

Montanés, M.C. e Gicquel, B. (2011). Novas vacinas contra a tuberculose". Enfermedades infecciosas y microbiologia clinica. 29 (1): 5762.

Martson, B.J., Plouffe, J.F. e File, T.J. (1997). Incidência de pneumonia adquirida na comunidade que requer hospitalização. Arch Intern Med. 157:1709-1718.

Mathema, B., Kurepina, N.E., Bifani, P.J. e Kreiswirth, B.N. (2006). Epidemiologia molecular da tuberculose: Current insights. Clin. Microbiol. Rev. 19: 658-685.

Mayaud, C., Parrot, A. e Cadranel, J. (2002) . Infeção bacteriana piogénica do trato respiratório inferior em doentes infectados com o vírus da imunodeficiência humana. Eur. Respir. J. 56: 423-426.

McCammon, M.T., Gillette, J.S., Thomas, D.P., Ramaswamy, S.V., Graviss, E.A., Kreiswirth, B.N. e Vijg, J. (2005). Deteção de mutações *rpoB* associadas à resistência à rifampicina em *Mycobacterium tuberculosis* utilizando eletroforese em gel de gradiente desnaturante. Antimicrob. Agents Chemother. 49:22002209.

McClatchy, J.K., Tsang, A.Y. e Cernich, M.S. (1981). Utilização da atividade da pirazinamidase em *Mycobacterium tuberculosis* como método rápido para a determinação da suscetibilidade à pirazinamida. Antimicrob. Agents Chemother. 20: 556-557.

McGrath, E.E., McCabe, J. e Anderson, P.B. (2008). Diretrizes para o diagnóstico e tratamento da infeção pulmonar por micobactérias não tuberculosas. Int. J. Clin. Pract. 62:1947-1955.

McShane, H. (2011). "Vacinas contra a tuberculose: para além do bacilo Calmette-Guérin". Transacções filosóficas da Royal Society of London. Série B, Ciências Biológicas. 366 (1579): 2782-2789

Mdluli, K. e Ma, Z. (2007). DNA Gyrase *do Mycobacterium tuberculosis* como alvo para a descoberta de medicamentos. Infectious Disorders - Drug Targets. 7(2):1-10.

Medjahed, H., Gaillard, J.L. e Reyrat, J.M. (2010). "*Mycobacterium abscessus*: um novo ator no campo das micobactérias". Tendências em microbiologia. 18 (3): 117-123.

Merchant, S., Bharati, A. e Merchant, N. (2013). Tuberculose do sistema geniturinário - tuberculose do trato urinário: Tuberculose renal - Parte II. Indian J Radiol Imaging. 23(1): 64-77.

Mihajlovic, B., Klassen, M., Springthorpe, S., Couture, H. e Farber, J. (2011). Avaliação das fontes de exposição ao *Mycobacterium avium* subsp. *paratuberculosis* nos alimentos e na água. Int. Food risk anal. j. 1(2): 1-22.

Miller, N., Clearly, T., Kraus, G., Young, K.A., Spruill, G. e Hnatyszyn, H.J. (2002). Deteção rápida e específica de *Mycobacterium tuberculosis* a partir de amostras respiratórias positivas para bacilos álcool-ácido resistentes e frascos de cultura BacT/ALERT MP utilizando sondas fluorogénicas e PCR em tempo real. Clin. Microbiol. 40:4143-4147.

Minh, N., Van Bac, N., Son, N.T., Lien, V.T., Ha, C.H., Cuong, N.H., Mai, C.T. e Lea, T.H. (2012). Caraterísticas moleculares das estirpes *de Mycobacterium tuberculosis* resistentes à rifampicina e à isoniazida isoladas no Vietname. J. Clin. Microbiol.50 (3): 598-601.

MOH: Ministério da Saúde do Iraque. (2012). Novo diagnóstico da tuberculose no Iraque, Tech. Rep.

Ministério da Saúde do Iraque, Bagdade, Iraque.

Moine, P., Vercken J.B., Chevret S. (1994). Investigação clínica em cuidados intensivosPneumonia grave adquirida na comunidade: Etiologia, epidemiologia e factores de prognóstico. Chest.105:1487-95.

Mokrousov, I., Otten,T., Vyshnevskiy, B. e Narvskaya, O. (2002). -Deteção de mutações *embB306* em isolados clínicos de *Mycobacterium tuberculosis* susceptíveis ao etambutol do noroeste da Rússia: implicações para o teste de resistência genotípica. J. Clin. Microbiol. 40 (10): 3810-3813.

Mokrousov, I., Otten, T., Vyshnevskiy, B. e Narvskaya, O. (2003). Ensaios de PCR rpoB específicos de alelos para a deteção de *Mycobacterium tuberculosis* resistente à rifampicina em esfregaços de expetoração. Antimicrob. Agents Chemother. 47: 2231-2235.

Molteni, C., Gazzola, L., Cesari, M., Lombardi, A., Salerno, F., Tortoli, E., Codecasa, F., Penati, V., Franzetti, F. e Gori, A. (2005), *Mycobacterium lentiflavum* infection in immunocompetent patients, Emerg. Infect. Dis. 11: 119-122

Moore, E.H. (1993). Infeção micobacteriana atípica no pulmão: Aspeto da TC. Radiology.187 (3): 777-82.

Moreira-Oliveira, M.S., Oliveira, H.B., Pace, F., Stehling, E.G., Rocha, M.M., Aily, D.C.G., Brocchi, M. e Silveira, W.D. (2008). Genotipagem molecular e epidemiologia de isolados *de Mycobacterium tuberculosis* obtidos de detentos de instituições penitenciárias de campinas, sudeste do Brasil. Braz. J. Infect. Dis. 12(6).

Mori, H., e Ito, K. (2001). A via de translocação de proteínas Sec. Tendências. Microbiol. 9:494-500.

Morris, RP, Nguyen L, Gatfield J. (2005). Resistência ancestral aos antibióticos em *Mycobacterium tuberculosis.* Proc. Natl. Acad. Sci. USA.102:12200-5.

Myneedu, V.P., Verma A.K., Bhalla M., Arora J., Reza S., Sah G.C. e Behera D. (2013). Ocorrência de *Mycobacterium* não tuberculoso em amostras clínicas - um potencial agente patogénico. Indian J. Tuberc. 60:71 - 76.

Nagalingam, N.A., Adesiyun, A.A., Swanston, W,H. e Bartholomew, M. (2005). Um estudo transversal de isolados de amostras de escarro de pacientes com pneumonia bacteriana em Trinidad. O Braz. J. Infect. Dis. 9(3):231-240.

Narang, R., Narang, P. e Mendiratta, D.K (2009). Isolamento e identificação de micobactérias não tuberculosas da água e do solo no centro da Índia. Indian J. Medic. Microbiol.27: 247-250.

Narang, P. (2008). Relevance of Nontuberculosis mycobacteria in India (Relevância das micobactérias não tuberculosas na Índia). Indian J. Tuberc. 55 (4):175-178.

Narang, R., Narang, P., Jain, A.P., Mendiratta, D.K., Joshi, R., Lavania, M., Das, R. e Katoch, V.M. (2010). Doença disseminada causada por *Mycobacterium simiae* em doentes com SIDA: relato de três casos. Clin. Microbiol. and Infect. 16(7):912-914.

Neimann, S., Richter, E. e Rusch-Gerdes, S. (2000). Differentiation among members of the *Mycobacterium tuberculosis* complex by molecular and biochemical features: Evidência de dois subtipos de *Mycobacterium bovis* susceptíveis à pirazinamida. J. Clin. Microbiol. 38: 152-157.

Nema, M. e Al-Kadimy, H.M. (2009). Padrão de resistência aos medicamentos *do Mycobacterium tuberculosis* em casos previamente tratados no Iraque. IRAQI J MED SCI. 7 (2): 41-49

Nguyen, L. e Pieters, J. (2008). Subversão micobacteriana de reagentes quimioterapêuticos e tácticas de defesa do hospedeiro: desafios no desenvolvimento de medicamentos para a tuberculose. Annu. Rev. Pharmacol. Toxicol. 49:42753.

Ninet, B., Monod, M., Emler, S., Pawlowski, J., Metral, C., Rohner, P., Auckenthaler, R. e Hirschel, B. (1996). Dois genes 16S rRNA diferentes numa estirpe de micobactérias. J. Ournal. Clinc. Miccrobiol. 34(10) :2531-2536.

O'Brien, D.P., Currie, B.J. e Krause, V.L. (2000). Doença micobacteriana não tuberculosa no norte da Austrália: Uma série de casos e revisão da literatura. Clin. Infect. Dis. 31 (4): 958-967.

Orme, I.M., Roberts, A.R. e Collins, F.M. (1986). Ausência de provas de uma redução da eficácia da vacinação subcutânea com BCG em ratos infectados com micobactérias não tuberculosas. Tubercle. 67(1): 41-6.

Over, K., Crandall, P.G., O'Bryan, C.A. e Ricke, S.C. (2011) Perspectivas actuais sobre *Mycobacterium avium* subsp. *paratuberculosis*, doença de Johne e doença de Crohn: uma revisão. Crit. Rev. Microbiol. 37: 141-156.

Owens, M.U., Swords, W.E., Schmidt, M.G., King, C.H. e Quinn, F.D. (2002). Clonagem, expressão e caraterização funcional do gene secA *de Mycobacterium tuberculosis*. FEMS Microbiol. Lett. 211:133-141.

Palomino, J.C., Leao, S.C. e Ritacco, V. (2007). Tuberculose 2007. Primeira edição. www.Tuberculosistextbook.com.

Panagiotou, M., Papaioannou, A.I., Kostikas, K., Paraskeua, M., Velentza, E., Kanellopoulou, M., Filaditaki, V. e Karagiannidis, N. (2014). A epidemiologia das micobactérias pulmonares não tuberculosas: dados de um hospital geral em Atenas, Grécia, 2007-2013. Medicina Pulmonar. Volume 2014: 1-9.

Pao, S.S., Paulsen, I.T. e Saier, H.Jr. (1998). Super família de facilitadores principais. Microbiol.

Mol. Biol. Rev. 62:1-34.

Parija, S.C. (2012). Livro de texto de microbiologia e imunologia. Elsevier. EIH Unit Ltd. Press, Manesar. 2nd edition: 43-44.

Park, S., Kim, S. e Park, E.M. (2008). Suscetibilidade antimicrobiana in vitro de *Mycobacterium abscessus* na Coreia. J. Korean Med. Sci. 23: 49-52.

Park, Y.K., Ryoo, S.W., Lee, S.H., Jnawali, H.N., Kim, C., Kim, H.J. e Kim, S.J. (2012). Correlação da suscetibilidade fenotípica ao etambutol do *Mycobacterium tuberculosis* com mutações do gene *embB* na Coreia. J. Med. Microbiol. 61(4): 529-534.

Pasma, T. e Joseph, T. (2010). Infeção pandémica (H1N1) 2009 em manadas de suínos, Manitoba, Canadá. Emerg. Infect. Dis.16: 706-708.

Passman, F.J. Rossmoore, K. e Rossmoore, L. (2009). Relação entre a presença de micobactérias e não micobactérias em fluidos de trabalho de metais. Tribology and Lubrication technol: 52-55.

Patz, E.F.Jr., Swensen, S.J. e Erasmus, J. (1995). Manifestações pulmonares de *Mycobacterium* não tuberculoso. Radiol Clin North Am. 33(4):719-29.

2015 Pechère, J.C. (1996). Intracellular bacterial infections, 1^{st}ed. British Library, Cambridge, United Kingdom.

Pedro, H., da, S., Pereira, M.I. e Goloni Mdo, R. (2008). Micobactérias não tuberculosas isoladas em São José do Rio Preto, Brasil, entre 1996 e 2005. J. Bras. Pneumol. 34:950-955.

Petrini, B. (2006). Infeção por micobactérias não tuberculosas. Scand J Infect Dis. 38:246-55.

Pfister, P., Risch, M., Brodersen, D.E. e Bottger, E.C. (2003). Papel da hélice 44 do 16S rRNA na resistência ribossómica à higromicina B. Antimicrob. Agents Chemother. 47:1496-1502.

Pfyffer, G.E. e Palicova, F. (2011). *Mycobacterium*: Caraterísticas gerais, deteção laboratorial e procedimentos de coloração. In: Versalovic, J., Carroll, K.C., Funke, G., Jorgensen, J.H., Landry, M., Warnock, D.W. editores. Manual de microbiologia clínica. 10ª edição. Vol. (1). Washington: ASM Press: 472-502.

Phillips, M.S. e von Reyn, C.F. (2001). Infecções nosocomiais devidas a micobactérias não tuberculosas. Clin. Infec. Dis. 33: 1363-1374.

Pierre-Audigier, C., Jouanguy, E., Lamhamedi, S., Altare, F., Rauzier, J., Vincent, V., Canioni, D., Emile, J., Fischer, A., Blanche, S., Gaillard, J. e Casanova, J. (1997). Infeção disseminada fatal por *Mycobacterium smegmatis* numa criança com deficiência hereditária do recetor de interferão y. Clin. Infec. Dis. 24: 982-984.

Piersimoni, C. (2012). Infeção por micobactérias não tuberculosas em receptores de plantas de transplante de órgãos sólidos. Eur. J. Clin. Microbiol. Infec. Dis. 31: 397403.

Piersimoni, C. e Scarparo, C. (2008). Infecções pulmonares associadas a micobactérias não tuberculosas em pacientes imunocompetentes. Lancet Infec. 8:323-334.

Pitulle, C., Dorsch, M., Kazda, J., Wolters. J. e Stackebrandt, E. (1992). Filogenia de membros de crescimento rápido do género *Mycobacterium*. Int. J. Syst. Bacteriol. 42: 337-343.

Plinke, C., Rusch-GerdesS., e Niemann, S. (2006). Significância das mutações no códão 306 *do embB* para a previsão da resistência ao etambutol em isolados clínicos *de Mycobacterium tuberculosis*, Antimicrob. Agents and Chemother. 50 (5): 1900-1902.

Polanecky, V., Kalina, P., Kubin, M., Kozakova, B. e Mullerova, M., (2006). Nontuberculous mycobacteriaand incidence of mycobacterioses in Prague in 1999-2004. Epidemiol. Mikrobiol. Imunol. 55, 151-157.

Preda, A., Maley, M. e Sullivan, J. (2009). Infeção *por Mycobacterium chelonae* num local de tatuagem. MJA.190 (5): 278-279.

Prabhu, S., Muthuraj, M., Muralidhar, J., Sridhar, S., Manupriya, S. e Usharani, B. (2009). Deteção rápida de mutações *Pnca* em isolados clínicos *de Mycobacterium tuberculosis* resistentes à pirazinamida. Europ. J. Appl. Sci. 1 (2): 20-25.

Prevots, D., Shaw, P., Strickland, D., Jackson, L.A., Raebel, M.A., Blosky, M.A., Montes de Oca, R., Shea, Y.R., Seitz, A.E., Holland, S.M. e Olivier, K.N. (2010). Prevalência da doença pulmonar por micobactérias não tuberculosas em quatro sistemas integrados de prestação de cuidados de saúde. Amer. J. Resp. Crit. Care Med. 182 (7): 970-976.

Correspondência para Yong Soo Kwon, M.D. Department of Internal Medicine, Chonnam National University Hospital, Hak-dong, Dong-gu, Gwangju 501-757, Coreia. Tel: 82-62-220-6573, Fax: 82-62225-8578,

Qamar, M. e Azhar, T. (2013). Deteção de *Mycobacterium* a partir de leite bovino em Lahore, Paquistão. Sci. Int. (Lahore). 25 (2): 353-357.

Ramaswamy, S. e Musser, J.M. (1998). Base genética molecular da resistência aos agentes antimicrobianos em *Mycobacterium tuberculosis*: atualização de 1998. Tuber. Lung Dis. 79:3-29.

Ray, C. e Ryan, J. (2004). Sherris medical microbiology, 4ª edição. McGrawHill Medical.

Raynaud, C., Laneelle, M., Senaratne, R.H., Draper, P., Laneelle, G. e Daffel, M. (1999). Mechanisms of pyrazinamide resistance inmycobacteria: importance of lack of uptake in addition to lack of pyrazinamidase activity. Microbiol. 145: 13591367.

Regatieri, A., Abdelwahed, Y., Perez, M.T. e Bush, L.M. (2011). Testes para a tuberculose: The roles of tuberculin skin tests and interferon gamma release assays. Labmedicine. 42 (1): 11-16

Reich, J.M. e Johnson, R.E. (1992). Doença pulmonar do complexo *Mycobacterium avium* que se apresenta como um padrão lingular ou do lobo médio isolado: a Síndrome de Lady Windermere. Chest.10: 16051609.

Reilly, L. e Daborn, C. (1995). The epidemiology of *Mycobacterium bovis* infections in animals and man: a review. Tubercleand Lung Disease. 76 (1): 1-46.

Richeldi, L. (2006). An update on the diagnosis of tuberculosis infection", Am. J. Respir. Crit. Care Med. 174 (7): 736-742.

Richter, E., Rusch-Gerdes, S., e Hillemann, D. (2006). Avaliação do ensaio de genótipo de micobactérias para identificação de espécies de micobactérias a partir de culturas. J. Clin. Microbiol. 44 (5): 1769-1775.

Ringuet, H., Akoua-Koffi, C., Honore, S., Varnerot, A., Vincent, V., Berche, P., Gaillard, J.L. e Pierre-Audigier, C. (1999). hsp65 sequencing for identification of rapidly growing mycobacteria. J. Clin. Microbiol. 37:852-857.

Ripoll, F., Pasek, S. e Schenowitz, C. (2009). Genes de virulência não micobacterianos no genoma do agente patogénico emergente *Mycobacterium abscessus*. PLoS One. 4: 5660.

Rodrigues, L.C., Pereira, S.M., Cunha, S.S., Genser, B.e Ichihara, M.Y. (2005). Efeito da revacinação BCG na incidência de tuberculose em crianças em idade escolar no Brasil: o ensaio aleatório BCG-REVAC. Lancet 366: 1290- 1295.

Rogall, T., Wolters, J., Flohr, T. e Bo "ttger E.C. (1990). Towards a phylogeny and definition of species at the molecular level within the genus *Mycobacterium* (Para uma filogenia e definição de espécies a nível molecular no género *Mycobacterium*). Int. J. Syst. Bacteriol. 40:323-330.

Rogers, J.T., Procop, G.W., Steelman, C.K., Abramowsky, C.R., Tuohy, M.T. e Shehata, B.M. (2012). Utilidade clínica da amplificação e sequenciação do ADN para identificar uma estirpe de *Mycobacteriumavium* em biópsias fixadas em formalina e embebidas em parafina de uma criança imunodeprimida. Pediatric and Developmental Pathology. 15(4): 315-317.

Rossau, R., van Mechele, E., de Ley, J. e van Heuverswijn, H. (1989). Sondas de ADN específicas *de Neisseria gonorrhoeae* derivadas do ARN ribossómico. J. Gen. Microbiol. 135:1735-1745.

Rustad, T.R., Sherrid, A.M., Minch, K.J. e Sherman, D.R. (2009). Hypoxia: uma janela para a latência *do Mycobacterium tuberculosis*. Cell Microbiol.11:1151-1159.

Sadow, C.A.(2002). Pulmonary *Mycobacterial avium* Complex Infection. website:

http://brighamrad.harvard.edu/Cases/bwh/hcache/332/full.html

Safi, H., Sayers, B., Hazb'on, M.H., e Alland, D. (2008). A transferência de mutações no códão 306 do *embB* para estirpes clínicas *de Mycobacterium tuberculosis* altera a suscetibilidade ao etambutol, à isoniazida e à rifampicina", Antimicrob. Agents and Chemother. 52, no. 6, pp. 2027-2034.

Saini, V.,Raghuvanshi, S., Talwar, G., Ahmed, N., Khurana, J. Hasnain, S. , Tyagi, A.K. e Tyagi, A. (2009). A análise taxonómica polifásica estabelece *Mycobacterium* indicus pranii como uma espécie distinta. PLOS ONE. 4: 7. 07.

Sajduda, A., Brzostek, A., Poplawska, M., Augustynowicz-Kopec, E., Zwolska, Z., Niemann, S., Dziadek, J. e Hillemann, D. (2004). Caracterização molecular de estirpes *de Mycobacterium tuberculosis* resistentes à rifampicina e à isoniazida isoladas na Polónia. J. Clin. Microbiol. 42 (6): 2425-243.

Saleeb, P. e Olivier, K. (2010). Doença pulmonar por micobactérias não tuberculosas: novos conhecimentos sobre os factores de risco para a suscetibilidade, epidemiologia e abordagens à gestão em doentes imunocompetentes e imunocomprometidos. Curr. Infec. Dis. Repor. 12: 198-203.

Sambrook, J. e Russell, D.W. (2001). Molecular cloning - A laboratory manual, 3rd edition. Cold spring harbor laboratory press, Cold Spring Harbor, NY, EUA. Saves, I., Eleaume, H. , Dietrich, J. e Masson, J. (2000). A inteína thy pol-2 de Thermococcus hydrothermalisis é um isosquizómero das endonucleases PI-tliI e PI-TfuII. Nucleic Acids Res. 28, 4391-4396.

Sanguinetti, M. Ardito, F., Fiscarelli, E., La Sorda, M., D'argenio, P., Ricciotti, G. e Fadda, G. (2001). Infeção pulmonar fatal devido a *Mycobacterium abscessus* multirresistente num doente com fibrose quística. J. Clin. Microbiol. 39.2.816-819.

Santin, M. e Alcaide, F. (2003). Doença *por Mycobacterium kansasii* em doentes infectados com o vírus da imunodeficiência humana tipo 1: melhoria do prognóstico na era da terapia antirretroviral altamente ativa. Int. J. Tuberc. Lung Dis. 7:673-677.

Satya, S. (2000). Textbook of pulmonary and Extra pulmonary tuberculosis. 4th edn. Inter Prit Publishers.p: 63-69. citado por Desai, K., Malek, S. e Mehtaliya, C. (2007). Estudo comparativo da coloração Z-N versus coloração fluorocromática da tuberculose pulmonar e extra-pulmonar. Gujar. Medic. J. 64 (2) :32-34.

Saves, I., Eleaume, H., Dietrich, J. e Masson, J. (2000). A inteína thy pol-2 de *Thermococcus hydrothermalisis é* um isosquizómero das endonucleases PI-tliI e PI-TfuII. Nucleic Acids Res. 28, 4391-4396.

Schinsky, M.F., McNeil M.M., Whitney, A.M., Steigerwalt, A.G., Lasker, B.A., Floyd, M.M., Hogg,

G.C., Brenner, D.J. e Brown, J.M. (2000). *Mycobacterium septicum* sp. nov., uma nova espécie de crescimento rápido associada a bacteriémia relacionada com cateteres. Int. J. Syst. Evol. Microbiol. 50:575-581

Schraufnagel, D.E. (2010). Breathing in America: Diseases, Progress, and Hope [Doenças, progresso e esperança]. Am. Thorac. Soci. Disponível em https://www.thoracic.org/patients/patient-resources/breathing- in-america/resources/breathing-in-america.pdf

Scorpio, A., Lindholm-Levy, P., Heifets, L., Gilman, R., Siddiqi, S. Cynamon, M. e Zhang, Y. (1997). Caracterização de mutações pncA em *Mycobacterium tuberculosis* resistente à pirazinamida. Antimicrob. Agents Chemother. 41(3):540-543.

Segal, G. e Ron, E.Z. (1996). Regulação e organização dos opérons groE e dnaK em Eubacteria. FEMS Microbiol. Lett. 138: 110.

Sexton, P. e Harrison, A.C. (2008). Suscetibilidade à doença pulmonar por micobactérias não tuberculosas. ERJ. 31 (6): 1322-1333.

Shaker, H.H. e Saleh, D.S. (2013). Um estudo sobre diagnóstico e multirresistência de *Mycobacterium tuberculosis* usando diferentes métodos. MSc. Tese de Mestrado. Faculdade de Ciências/ Universidade de Bagdade.

Sharma, S.K. e Mohan, A. (2013). Tuberculosis: De um flagelo incurável a uma doença curável - viagem ao longo de um milénio. Indian J. Med. Res. 137: 455-493.

Sharma, B., Pal, N., Malhotra, B., Vyas, L. e Rishi, S. (2010). Comparação do MGIT 960 e do ensaio de atividade da pirazinamidase para o teste de suscetibilidade à pirazinamida do *Mycobacterium tuberculosis*. Indian J. Med. Res. 132:72-76.

Shen, X., Shen, G. M., Wu, J., Gui, X. H., Li, X., Mei, J., De Riemer, K. e Gao, Q. (2007). Associação entre mutações no códão 306 de embB e resistência a medicamentos em *Mycobacterium tuberculosis*. Antimicrob. Agents Chemother. 51, 2618-2620.

Shi, D., Li, L., Zhao, Y., Jia, Q., Li, H., Coulter, C., Jin, Q. e Zhu, G. (2011). Caraterísticas das mutações embB em isolados *de Mycobacterium tuberculosis* multirresistentes em Henan, China. J. Antimicrob. Chemother. 66: 2240-2247.

Shinnick, T.M. e Good, R.C. (1994). Mycobacterial taxonomy. Eur. J. Microbiol. Infect. Dis. 13: 884-901.

Shishido, H., Nagai, H., Kurashima, A., Yoneda, R., Taguch, M., Nagatake, T. e Matsumoto, K. (1990). Sequelas da tuberculose: Infecções bacterianas secundárias. Kekkaku. 65(12): 873-880 .

Shorten, R.J. (2011). A epidemiologia molecular do *Mycobacterium tuberculosis* no norte de Londres. Tese de doutoramento, UCL (University College London).

Shu, C.C., Lee, C.H., Wang, J.Y, Jerng, J.S. e Yu, C.J. (2008). Infeção pulmonar por micobactérias não tuberculosas em unidade de terapia intensiva médica: a incidência, as caraterísticas do paciente e o significado clínico. Intens. Care Med. 34: 2194-2201.

Sigurethardottir, O.G., Valheim, M. e Press C.M. (2004). Estabelecimento da infeção por *Mycobacterium avium* subsp. paratuberculosis no intestino de ruminantes. Adv. Drug. Deliv. Rev. 56: 819-834.

Silva, P.E., Bigi, F., de la Paz Santangelo, M., Romano, M.I., Martin, C., Cataldi, A. e Ainsa, J.A. (2001). Caracterização de P55, uma bomba de efluxo de múltiplos fármacos em *Mycobacterium bovis* e *Mycobacterium tuberculosis*. Antimicrob. Agents Chemother. 45:800-804.

Simons, S., van Ingen, J., Hsueh, P.R., Van Hung, N., Dekhuijzen, P.N., Boeree, M.J. e van Soolingen, D. (2011). Micobactérias não tuberculosas em infecções do trato respiratório, Ásia Oriental. Emerg. Infect. Dis. 17(3): 343-349.

Singh, P., Sharma, V., Sharma, N., Singh, D., Kandpal, J. (2013). Avaliação de D-PCR usando os primers do gene da RNA polimerase (rpoB) para identificação diferencial rápida do complexo *Mucobacterium tuberculosis* e micobactérias não tuberculosas. Ann. Bio. Res. 4(9):45-48.

SIREVA: Sistemas regionais de vacinas da Organização Pan-Americana da Saúde. (1998). Identificação e teste de suscetibilidade de *Streptococcus pneumoniae* e *Haemophilus influenzae*. Actas do Insituto Nacional de Saluda; 23 de novembro - 1 de dezembro; Santa Fé de Bogotá.

Snider, D.E., Graczyk, J., Bek, E. e Rogowski, J. (1984). Tratamento supervisionado de seis meses de tuberculose pulmonar recentemente diagnosticada com isoniazida, rifampicina e pirazinamida com e sem estreptomicina. Am. Rev. Respir. Dis. 130:1091-1094.

Soini, H. e Musser, J. (2001). Molecular diagnosis of mycobacteria. Clin. Chemis. 47:5 809-814 .

Southwick, F. (2007). Infecções pulmonares. Infectious diseases: A Clinical short course, 2nd ed., McGraw-Hill Medical Publishing Division. McGraw-Hill Medical Publishing Division. p. 104,.

Springer, B., Stockman, L., Teschner, K., Roberts, G.D. e Bo "ttger, E.C. (1996). Estudo colaborativo de dois laboratórios sobre a identificação de micobactérias: métodos moleculares versus fenotípicos. J. Clin. Microbiol. 34:296-303.

Sreevatsan, S., Pan, X., Stockbauer, K., Williams, D., Kreiswirth, B. e Musser, J. (1996). Caracterização das mutações rpsL e rrs em isolados de *Mycobacterium tuberculosis* resistentes à estreptomicina provenientes de diversas localidades geográficas. Antimicr. Agent and chemoth.

40(4):1024-1026.

Stanford, J.L. e Gunthorpe, W.J. (1971). A study of some fast-growing scotochromogenic mycobacteria including species description of *Mycobacterium gilvum* (new species) and *Mycobacterium duvalii* (new species). Br. J. exp. Pathol.52: 627.

Sugita, Y., Ishii, N., Katsuno, M., Yamada, R. e Nakajima, H. (2000). Grupo familiar de infeção cutânea *por Mycobacterium avium* resultante da utilização de um sistema de circulação de água de banho constantemente aquecida. Br J Dermatol.142: 789-793.

Sun, Z., Scorpio, A. e Zhang, Y. (1997). O gene pncA do *Mycobacterium avium* naturalmente resistente à pirazinamida codifica a pirazinamidase e confere suscetibilidade à pirazinamida a organismos resistentes do complexo *M. tuberculosis*. Microbiol. 143: 3367-3373.

Tabarsi, P., Baghaei, P., Farnia, P., Mansouri, N., Chitsaz, E., Sheikholeslam, F., Marjani, M., Rouhani, N., Mirsaeidi, M., Alipanah, N., Amiri, M., Masjedi, M.R. e Mansouri, D. (2009). micobactérias não tuberculosas em doentes suspeitos de tuberculose multirresistente - necessidade de identificação precoce de micobactérias não tuberculosas. Am. J. Med Sci. 337(3):182-184.

Takiff, H.E., Cimino, M., Musso, M.C., Weisbrod, T., Martinez, R., Delgado, M.B., Salazar, L., Bloom, B.R. e Jacobs W.R.Jr. (1996). A bomba de efluxo da família dos antiportadores de protões confere uma resistência de baixo nível às fluoroquinolonas em *Mycobacterium smegmatis*. Proc. Natl. Acad. Sci. USA 93:362-366.

Tasso, M.P., Martins, M.C., Mizuka, S.Y., Saraiva, C.M. e Silva, M.A. (2003). Formação de cordões e morfologia de colónias para a identificação presuntiva do complexo *Mycobacterium tuberculosis*. Brasil. J. Microbiol. 34:171-174.

Taylor, Z., Nolan, C.M. e Blumberg, H.M. (2005). Controlling Tuberculosis in the United States Recommendations from the American Thoracic Society, CDC, and the Infectious Diseases Society of America. CDC. 54(12): 1-81.

Telenti, A., Marchesi, F., Balz, M., Bally, F., Bottger, E.C. e Bodmer, T. (1993). Rapid identification of mycobacteria to the species level by polymerase chain reaction and restriction enzyme analysis. J. Clin. Microbiol. 31(2):175-178.

Thomson, R. (2010). Mudança na epidemiologia das infecções pulmonares por micobactérias não tuberculosas. Emergência Infect. Dis. 16 :1576-1583.

Todar, K. (2002). Tuberculose. Todar's Online Textbook of Bacteriology. http://textbookofbacteriology.net/tuberculosis.html.

Tortoli, E. (2003). Impacto dos estudos genotípicos na taxonomia das micobactérias: As novas

Mycobacteria dos anos 90. Clinic. Microbiol. Rev. Am. Soc. for Microbiol. 16 (2):319-354.

Tortoli, E. (2014). Caraterísticas microbiológicas e relevância clínica de novas espécies do género *Mycobacterium*. Clinc. Microbiol. Rev. 27(4):727:752).

Tortoli, E., Bartolini, A., Bo "tiger, E.C., Emler, S., Garzelli, C., Magliano, E., Mantella, A., Rastogi, N., Rindi, L. (2001). Carga de micobactérias não identificáveis num laboratório de referência. J. Clin. Microbiol. 39: 4058-4065.

Tortoli, E., Bartoloni, A., Erba, M.L., Levrè, E., Lombardi, N., Mantella, A. e Mecocci, L. (2002). Infecções humanas devidas a *Mycobacterium lentiflavum*. J. Clin. Microbiol. 40: 728-729.

Tortoli, E., Rindi, L., Bartoloni, A., Garzelli, C., Manfrin, V., Mantella, A., Piccoli, P. e Scarparo, C. (2004). Isolamento de um novo sequevar de *Mycobacterium flavescens* do líquido sinovial de um doente com SIDA. Clin. Microbiol. Infect. 10: 1017-1019.

Tsukamura, M. (1967). *Mycobacterium chitae*: uma nova espécie. Japão. J. Microbiol. 11(1): 43-47.

Vandepitt, J., Verhaegen, T., Engbaek, K., Rohner, P., Piot, P. e Heuck, C.C. (2003). Basic Laboratory Procedures in Clinical Bacteriology (Procedimentos laboratoriais básicos em bacteriologia clínica). Genebra, OMS. pp. 66-75.

Van der Werf, M.J., Kodmon, C., Jankovic, V.K. , Kummik, T., Soini, H., Richter, H., Papaventsis, D., Tortoli, E., Perrin, M., van Soolingen, D., ZOlnir-Dov, c.M. e Thomsen, V. (2014). Estudo de inventário de micobactérias não tuberculosas na União Europeia. BMC Infec. Dis. 14(62):1-9.

Van Der Zanden, A.G., Te Koppele-Vije, E.M., Vijaya Bhanu, N., Van Soolingen, D. e Schouls, L.M. (2003). Utilização de extractos de ADN de lâminas coradas com Ziehl-Neelsen para deteção molecular da resistência à rifampicina e espoligotipagem de *Mycobacterium tuberculosis*. J. Clin. Microbiol. 41:11011108.

Vaneechoutte, M., Beenhouwer, H., Claeys, G., Verschraegen, G., Rouck, A., Paepe, N., Elaichouni, A. e Portaels, F. (1993). Identificação de espécies de *Mycobacterium* através da análise de restrição do ADN ribossómico amplificado. J. Clinic. Microbiol. 31(8): 2061-2065.

Vaneechoutte, M., Rossau, R., De Vos, P., Gillis, M., Janssens, D., Paepe, N., De Rouck, A., Fiers, T., Claeys, G. e K. Kersters. (1992). Rapid identification of Comanwnadaceae with amplified ribosomal DNA-restriction analysis (ARDRA). FEMS Microbiol. Lett. 93:227-234.

Van Ingen, J. (2009). Mycobacteria nontuberculous from gene sequences to clinical relevance (Micobactérias não tuberculosas das sequências genéticas à relevância clínica). Tese de doutoramento Centro Médico da Universidade Radboud de Nijmegen, Nijmegen, Países Baixos: 348.

Van Ingen, J. (2013). Diagnóstico de infecções por micobactérias não tuberculosas Seminários em

Medicina Respiratória e de Cuidados Críticos. 34 (1).103-109.

Van Ingen, J., Boeree, M.J. e Dekhuijzen, P.N. (2008) . Relevância clínica do *Mycobacterium simiae* em amostras pulmonares. Eur. Respir. J. 31:106-109.

Van Ingen, J., Boeree, M., van Soolingen, D. e Mouton, J. (2012). Mecanismos de resistência e testes de suscetibilidade a medicamentos de micobactérias não tuberculosas. Actualizações sobre a resistência aos medicamentos. 15 (3) :149-161.

Van Ingen, J., Bendien, S.A., de Lange, W.C., Hoefsloot, W., Dekhuijzen, P.N., Boeree. M.J. e vanSoolingen, D. (2009). Relevância clínica das micobactérias não tuberculosas isoladas na região de Nijmegen-Arnhem, Países Baixos. Thorax. 64:502-506.

Varghese B., Memish, Z. Abuljadayel, N., Al-Hakeem, R., Alrabiah, F. e Al- Hajoj, S.A. (2013). Emergência de infecções por micobactérias não tuberculosas clinicamente relevantes na Arábia Saudita. PLoS Negl. Trop. Dis. 7(5): 2234.

Varghese, B., Shajan, S.E., Al-Saedi, M.O. e Al-Hajoj, S.A. (2012). Primeiro relato de caso de doença pulmonar pulmonar crónica causada por *Mycobacterium abscessus* em dois doentes imunocompetentes na Arábia Saudita. Ann. Saudi Med. 32: 312-314.

Varma-Basil, M., Garima, K. e Pathak, R. (2013). Desenvolvimento de uma nova análise de restrição por PCR do gene hsp65 como um método rápido para rastrear o complexo *Mycobacterium tuberculosis* e micobactérias não tuberculosas em países com alta carga. J. Clini. Microbiol. 51 (4): 1165-1170.

Velayati, A.A., Rahideh, S., Nezhad, Z.D., Farnia, P. e Mirsaeid, M. (2015). Micobactérias não tuberculosas no Médio Oriente: Situação atual e desafios futuros. Inter. J. Mycobacteriol. 4 (1): 7-17.

Vencato, M., Tian, F., Alfano, J.R. (2006). "Identificação habilitada para bioinformática do regulon HrpL e proteínas efetoras do sistema de secreção tipo III de *Pseudomonas syringae* pv. phaseolicola 1448A". Mol. Plant Microbe. Interact. 19 (11): 1193-206.

Vess, R.W., Anderson, R.L. e Carr, J.H. (1993). A colonização de superfícies sólidas de PVC e a aquisição de resistência a germicidas por microrganismos da água. J. Appl. Bacteriol. 74:215-221.

Vestal, A.L. (1975). Procedimentos para o isolamento e identificação de micobactérias. Publicação n.º 76-8230 do Departamento de Saúde, Educação e Bem-Estar dos EUA (CDC): 97-115. Centro de Controlo de Doenças, Atlanta.

Vignal, C., Guérardel, Y. e Kremer, L. (2014). Lipomananos, mas não lipoarabinomananos, purificados de *Mycobacterium chelonae* e *Mycobacterium kansasii* induzem a secreção de TNF-α e L-8 por um mecanismo dependente do recetor CD14-Toll-Like 2. J. Immunol. 2003. 171:2014-2023.

Wagner, D. e Young, L.S. (2004). Infecções por micobactérias não tuberculosas: uma revisão clínica. Infec. 32 (5): 257-270.

Wallace, R.J., Swenson, J.M., Silcox, V.A., e Bullen, M.G. (1985). Treatment of non-pulmonary infections due to *Mycobacterium fortuitum* and *Mycobacterium chelonei* on the basis of in vitro susceptibilities (Tratamento de infecções não pulmonares devidas a *Mycobacterium fortuitum* e *Mycobacterium chelonei* com base em susceptibilidades in vitro). J. Infect. Dis. 152:500-514.

Wallace, R.J., Glassroth, J., Griffith, D.E., Olivier, K.N., Cook, J.L. e Gordin, F. (1997). Diagnosis and treatment of disease caused by nontuberculous mycobacteria. Declaração oficial da American Thoracic Society. Am. J Respir. Crit. Care Med. 156:1-25.

Wallace, R.J., Cook, J.L., Glassroth, J. e Olivier, K.N. (1997). Diagnosis and treatment of disease caused by nontuberculous mycobacteria (Diagnóstico e tratamento de doenças causadas por micobactérias não tuberculosas). Esta declaração oficial da American Thoracic Society foi aprovada pelo Conselho de Administração. Secção Médica da American Lung Association. Am. J. Respir. Crit. Care Med. 156: S1-25.

Wallace, R.J., Dukart, G., Brown-Elliott, B.A., Griffith, D.E., Scerpella, E.G. e Marshall, B. (2014). Experiência clínica em 52 pacientes com regimes contendo tigeciclina para tratamento de resgate de infecções por Mycobacterium abscessus e Mycobacterium chelonae. J. Antimicrob. Chemother:1-9.

Wayne, L.G. e Kubica, G.P. (1986). The Mycobacteria. In: Sneath PHA, Holt J.G (eds) Bergey's manual of systematic bacteriology. Baltimore, Williams and Wilkins: 1435-1457.

Wayne, L.G. e Sramek, H.A. (1992). Agents of newly recognized or infrequently encountered mycobacterial diseases. Clin. Microbiol. Rev. 5 (1) : 1-25.

Whitman, W.B., Parte, A., Goodfellow, M. (2012.). Manual de Bacteriologia Sistemática de Bergey. Springer Science & Business Media.

Williams, K.J., Ling, C.L., Jenkins, C., Gillespie, e McHugh, T.D. (2007). Um paradigma para a identificação molecular de espécies *de Mycobacterium* num laboratório de diagnóstico de rotina. J. Med. Microbiol. 56,598-602.

Winthrop, K.L., McNelley, E., Kendall, B., Marshall-Olson, A., Morris, C., Cassidy, M., Saulson, A. e Hedberg, K. (2010). Prevalência e caraterísticas clínicas da doença pulmonar por micobactérias não tuberculosas: uma doença emergente de saúde pública. Am. J. Respir. Crit. Care Med. 1;182(7):977-82.

Woese, C.R. (1987). Evolução bacteriana. Microbiol. Rev. 51: 221-271.

Wong, Y.L., Choo, S.W., Tan, J.L., Ong, C.S. e Ng, K.P. (2012). Projeto de sequência do genoma de

Mycobacterium bolletii estirpe M24, uma *Mycobacterium* de crescimento rápido com estatuto taxonómico controverso. J. Bacteriol. 194: 4475.

OMS: Organização Mundial de Saúde, (1997). Treatment of tuberculosis. Guidelines for the management of drug-resistant tuberculosis, 2nd edn, pp. 1-47. Genebra: Organização Mundial de Saúde.

OMS: Organização Mundial de Saúde, (1999). O que é DOTS? Um guia para compreender a estratégia de controlo da TB recomendada pela OMS, conhecida como DOTS. WHO/CDS/CPC/TB/99.270.1-39.

OMS: Organização Mundial de Saúde, (2003). Diretrizes para a vigilância da resistência aos medicamentos na tuberculose. Genebra.

OMS: Organização Mundial de Saúde e União Internacional contra a Tuberculose e as Doenças Pulmonares, (2008). O programa global da OMS/IUATLD

Projeto de vigilância da resistência aos medicamentos anti-tuberculose 2002-2007: Anti-tuberculosis drug resistance in the world: 4th Global report, WHO/HTM/TB/2008.394, OMS, Genebra, Suíça.

OMS: Organização Mundial de Saúde, (2011). Décimo sexto relatório global sobre a tuberculose.

OMS: Organização Mundial da Saúde. (2013) Relatório global sobre a tuberculose. Dados de Catalogação-na-Publicação da Biblioteca da OMS.

OMS: Organização Mundial de Saúde. (2014). Relatório global sobre a tuberculose. Relatórios anuais.

Wu, X.Q., Lu, Y., Zhang, J.X., Liang, J.Q. e Zhang, G.Y. (2006). Deteção da resistência à estreptomicina em isolados clínicos *de Mycobacterium tuberculosis* utilizando quatro métodos moleculares na China. Ata Genetica Sinica 33:655-663.

Xu, K., Bi, S., Ji, Z., Hu, H., Hu, F., Zheng, B., Wang, B., Ren, J., Yang, S., Deng, M., Chen, P., Ruan, B., Sheng, J. e Li, L. (2014). Distinguir micobactérias não tuberculosas de *Mycobacterium tuberculosis* multirresistente, China Emerg. Infect. Dis. 20(6): 1060-1062.

Yates, M.D., Pozniak, A., Uttley, A.H., Clarke, R. e Grange, J.M. (1997), Isolamento de micobactérias ambientais a partir de amostras clínicas no sudeste de Inglaterra: 1973-1993, Int. J. Tuberc. Lung Dis. 1: 75-80.

Yim, J.J., Park, Y.K., Lew, W.J., Bai, G.H., Han, S.K. e Shim, Y.S. (2005), *Mycobacterium kansasii* pulmonary diseases in Korea. J. Korean Med. Sci. 20: 957-960.

Zelazny, A.M., Root, J.M., Shea, Y.R., Colombo, R.E., Shamputa, I.C., Stock, F., Conlan, S.,

McNulty, S., Brown-Elliott, B.A., Wallace, R.J.Jr., Olivier, K.N., Holland, S.M. e Sampaio E.P. (2009). Estudo de coorte da identificação molecular e tipagem de *Mycobacterium abscessus, Mycobacterium massiliense* e *Mycobacterium bolletii*. J. Clin. Microbiol. 7:19851995.

Zink, A., Sola, C., Reischl, U., Grabner, W., Rastogi, N., Wolf, H., Nerlich, A. (2003). Characterization of *Mycobacterium tuberculosis* complex DNAs from Egyptian mummies by spoligotyping". J. Clin. Microbiol. 41 (1): 359-367.

Zumla, A.I. e Grange, J. (2002). Infecções pulmonares por micobactérias não tuberculosas. Clin. Chest Med. 23: 369-376.

Printed by Books on Demand GmbH, Norderstedt / Germany